从源自牛粪的香草精制作的冰激凌，
到宇宙大爆炸的秘密！

易谷讷贝尔博士
最最荒诞离奇的
搞笑 科学实验

[韩]洪承佑/著　邢青青/译

吉林出版集团|吉林摄影出版社

·长春·

图书在版编目（CIP）数据

易各讷贝尔博士最最荒诞离奇的搞笑科学实验 /（韩）洪承佑著；邢青青译 .

一长春：吉林摄影出版社，2012.7
ISBN 978-7-5498-1248-6

Ⅰ . ①易… Ⅱ . ①洪… ②邢… Ⅲ . ①科学实验一儿童读物 Ⅳ . ① N33-49

中国版本图书馆 CIP 数据核字（2012）第 138472 号

The Hilarious Laboratory of Eccentric but Creative Dr. Ig Nobel 1
Text & Illustration © HONG Seung-woo, 2009
All rights reserved.
Chinese (Simplify) Translation copyright © Beijing Jinri Jinzhong Bookselling Center,
2012 Published by arrangement with Woongjin Think Big Co., Ltd
through EntersKorea Co., Ltd.

著作权合同登记号：图字 07-2012-3820 号

易各讷贝尔博士最最荒诞离奇的搞笑科学实验
Yigenebei'er Boshi Zuizui Huangdan Liqi De Gaoxiao Kexueshiyan

著　　者　[韩] 洪承佑
译　　者　邢青青
出 版 人　孙洪军
策　　划　北京今日今中图书销售中心
责任编辑　李　彬　周宇恒
封面设计　北京今日今中图书销售中心
开　　本　787mm×1092mm　1/16
字　　数　189 千字
印　　张　11
印　　数　1 ～ 6000 册
版　　次　2012 年 7 月第 1 版
印　　次　2012 年 7 月第 1 次印刷

出　　版　吉林出版集团
　　　　　吉林摄影出版社
地　　址　长春市泰来街 1825 号
　　　　　邮编：130062
电　　话　总编办：0431-86012616
　　　　　发行科：0431-86012602
印　　刷　北京市海淀区四季青印刷厂

ISBN 978-7-5498-1248-6　　　定价：36.00 元

|目 录|

搞笑科学实验课题

千奇百怪的科学改变世界！

大家好，我是热爱科学的漫画家洪承佑。

你知道漫画家与科学家的共同之处是什么吗？那就是他们头脑中蕴藏着千奇百怪的想法。正是这些荒诞离奇的想法，引领着我们领略世界的奇妙，探索未知的秘密。小时候亲自孵蛋的爱迪生，曾经因为这种荒诞不经的举动而备受人们嘲笑，然而正是他头脑中离奇的想法催生了伟大发明，所以现在他被称为天才发明家。

一直沉醉于光怪陆离的科学故事的我，也很想把科学以生动、形象、有趣地方式介绍给小朋友们。为了让这本科学漫画书更加生动有趣，我冥思苦想了良久。

直到有一天，我看到了一个介绍"搞笑诺贝尔奖"的节目。搞笑诺贝尔奖是对诺贝尔奖的有趣模仿，又被称为另类诺贝尔奖，其名称是英文否定前缀ig和Nobel Prize（诺贝尔奖）的结合，是专门颁发给具有奇思妙想的科学实验者的奖项。看了这个节目后，我萌生了把获得搞笑诺贝尔奖奖项的奇思妙想转化成漫画的想法。

搞笑诺贝尔奖的获奖作品会让人们忍不住惊呼"怎么会想到做这种实验呢"，这些实验的怪诞离奇程度由此可见一斑。

例如，能够抵御灰熊攻击的防护服的发明，集体拍照时避免人们眨眼的窍门探究，用牛粪中提取的香草精制做冰淇淋的尝试……这些奇思妙想给人荒诞离奇感觉的同时也给人们增添了不少乐趣。

尤为难能可贵的是，诸如此类的实验中所体现出的科学思维。怪杰科学家们也正是立足于科学实验和研究，才把自己的奇思妙想变成了现实。我本人觉得这些实验和研究很适合画成漫画，所以创作了能够代表怪杰科学家的"易各讷贝尔博士"这个人物形象。

让人感觉艰涩深奥的科学实验和研究也充满了无数的快乐与感动。为什么这么说呢？如果你跟随易各讷贝尔博士一起游历了他的思想迷宫，你一定会找出这个问题的答案。小朋友们也可以偶尔放下应试教育的教科书，放飞自己的心灵，沉浸到想象的世界中去。也许你也能创造惊人的成就哦，不仅可以创造五彩缤纷的未来，还可以让世界更加绚丽多姿。

还等什么呢？我们一起出发吧？

写于一个闷热的夏日

洪承佑

登场人物

天真少年
李蕴秀

哈哈哈，睁大眼睛～大家一起来庆祝新颖别致、荒诞离奇、世上独树一帜的搞笑科学实验室的诞生吧。下面我就为大家介绍一下沉迷于科学研究的怪杰科学家——易各讷贝尔博士！

我？是最讨厌繁琐而平凡事情的怪才科学家

易各讷贝尔博士～

我的人生目标只有一个，那就是收集100个被称为"另类诺贝尔奖"的奖项！所以我的名字也是"易各讷贝尔"。

吼吼，还有人不了解什么是搞笑诺贝尔奖吗？那么让我为大家详细地介绍一下吧。

突击考查！因主要发明硝化甘油炸药而成为富翁的诺贝尔，在其死前留下遗言，每年选出对人类贡献最大的科学家，并为他们的骄人成就设立奖项。那么为他们设立的奖项是什么呢？对！真聪明！答案就是诺贝尔奖。诺贝尔奖始于 1901 年，此后，每年 12 月举行颁奖仪式。每到那个时候，全世界的人都会将目光聚集在"诺贝尔奖得主"上。

但是别忘了还有一个模仿诺贝尔奖设立的另类诺贝尔奖哦。

搞笑诺贝尔奖是只颁发给那些具有奇思妙想的科学家们的奖项。

"易各讷贝尔（ignobel）"的意思为"不名誉的"，在英语中与"nobel"（高尚的）意思相反，名字很奇怪吧？呵呵。

等一下！看到这里很多人都会把搞笑诺贝尔奖看做单纯的另类或搞笑的奖项，实际上搞笑诺贝尔奖的入选标准十分严格。例如研究成果只有在世界级的

哇！！砰！易各讷贝尔博士的实验室每天都有东西爆炸、破碎……唉，很难帮他清理干净！
只是博士为什么总做这些匪夷所思的实验呢？

聪明少女
都美莱

嘘～，我正在做研究！

顶尖学术杂志上刊登过，或得到过权威科学家的一致认可才有资格入选，而且负责审查和颁奖的全是获得过真正诺贝尔奖的科学家。

简言之，搞笑诺贝尔奖是以水准高超的科学实验为前提并为鼓励怪杰科学家们的奇思妙想而颁发的奖项。例如用从牛粪中提炼出香草精制作冰淇淋等奇思妙想。哈哈！

都美莱啊，你不记得我的口头禅了吗？现在我做这些荒诞离奇的实验总有一天会改变整个世界！

用按摩肛门的方法来治疗打嗝，研究企鹅喷便的能力……这些实验有那么好笑吗？好笑吗？我知道你们当中肯定有人会这样想。

但是肯定也有人在看到这些研究时，内心会好奇地思考"肛门按摩真的会止住打嗝吗"、"企鹅喷便的能力到底怎么样"诸如此类的问题。哈哈，被我猜中了吧？

不过，在好奇之余又会引发一连串其他的好奇心，因此不知不觉中人们就会从另一个

角度来看待这些实验，而世界也会一点点地得到改变，是吧？哈哈哈～

一幅罗丹的"思想者"背部着地躺着思考的形象构成了搞笑诺贝尔奖的宣传海报，它意在暗示人们：要打破僵化的思维模式，从思维定势中跳出来。所以我很喜欢搞笑诺贝尔奖的创意！而且，此奖的 100 个奖项我也是志在必得～身为大韩民国怪杰科学家的代表，我，易各讷贝尔博士，一定会不遗余力地进行研究，直到全世界人民都震惊于我匪夷所思的科学实验为止！吼吼吼～

那么现在就请和我一起去体验搞笑科学实验的乐趣吧？

— 1000 ml

— 900 ml

— 800 ml

— 700 ml

— 600 ml

— 500 ml

— 400 ml

— 300 ml

— 200 ml

— 100 ml

止住打嗝的方法
——肛门按摩最有效?

屏住呼吸试过了，喝水也试过了，

到底怎样才能止住不停地打嗝呢?

什么? 按摩哪里?

啊，怎么可以按摩那里? 嘿嘿，让人很不好意思呢!

打嗝不止～！

嗝儿～嗝儿～嗝儿！

李蕴秀正在因为无休止地打嗝而痛苦。

用什么方法都没有效果，是不是得了

什么病？为了帮助可怜的李蕴秀，

易各讷贝尔博士最终想出了

什么高招？

夜深人静，趁着黑暗的掩护，李蕴秀轻手轻脚地溜进了厨房。

哈哈！找到了，奶酪蛋糕！

蕴秀啊，今天你已经吃了很多了，先把蛋糕放在冰箱里，等到明天再吃吧。

可我还是想吃……

嘿嘿，我怎么能等到明天呢？这么美味的蛋糕，放到明天不是太可惜了吗。

啧啧

咦？怎么回事？我这是怎么了？

嗝儿！

嗝儿！

啊！吓我一跳。

自从昨晚吃了奶酪蛋糕后就不停地打嗝，搞得我一晚上都没睡好，到底怎样才能不受打嗝折磨呢？

不听妈妈的话偷偷地把蛋糕吃掉，所以这就是你受到的惩罚！

我有办法了，等会儿。

？

呜呜呜呜呜

我要吸血。呜呜～～

啊！

嗝儿！

咦～吓唬你都没用。

……

有用，治好打嗝之前我早被你吓死了。

对不起。

都美莱，李蕴秀！上课态度不认真，你们俩在走廊举起双手站 10 分钟。

是！

嘻

嘻嘻

不行，看来得去找易各讷贝尔博士帮忙了。

赶紧把你的假发拿下来！

嗝儿

嗝儿！

嗝儿！

嗝儿！

呃！怎么一直打嗝～

打嗝似乎很严重啊。

博士，求求你救救我吧！一直不停地打嗝，我都难受死了，呜呜呜～

你的情况让我想起来一则新闻报道，我找找。

新闻报道？

哈！找到了！就是这个！

嗝儿

在美国佛罗里达州，有一个小姑娘叫詹妮弗·莉，曾经连续三周不停地打嗝，试了各种方法都收效甚微，最后只好登报求助。

3 周！

她不仅试了各种民间秘方，还接受了血液检查、CT*、MRI*检查和药物治疗，结果还是无济于事。

缓解打嗝的各种食物

嗝儿！

嗝儿！

这件事情让人们意识到：如果小小的不便一直持续，就会给人们带来难以忍受的痛苦。

呃呃

所以我立即停下所有工作进行了打嗝的研究~！并且已经有所收获。

横膈膜

声带

嗝儿！

左肺 右肺

嗝儿

打嗝是气从胃中上逆、横膈膜不由自主地痉挛收缩、声带骤然变窄引发的现象。

你们都知道受到惊吓就会停止打嗝吧？

嗯，呜~~

别闹了！

嗝儿！

少爷~

其实这是因为体内的迷走神经受到刺激才停止打嗝的。

迷走神经？

嗝儿！
嗝儿！

和我一起踢球吧！

迷走神经是脑神经的一种，如果身体受到某种刺激……

*CT：电子计算机 X 射线断层扫描技术。
*MRI：磁共振成像。

好哇!

现在身体需要处理比打嗝更重要的事情,那就是足球!踢足球喽!

咦?不知不觉停止打嗝了!真是好开心噢。

啊?小心球!

嘣

啊

由于脑部将注意力转移到别的地方,自然也就不再打嗝了。

呼啦啦

闪亮登场

为大家隆重介绍我几个月辛苦研究的成果——治疗打嗝的"迷走神经刺激机"!

迷走神经刺激机?

好了,蕴秀啊,现在躺到里面去吧。

哇~

嗝儿

哇塞!沙发好酷啊!

现在舒服地躺到沙发里去吧!

嗯，我试试！

哇～～真舒服啊！

那就开始了！

哇，仪表盘好复杂啊。

咕噜

呃！

咕咚咕咚

呃！

止住打嗝第一阶段！喝水！

灌

嗝儿！

没有用。

这是意料中的事情。那么我们试行另一个方法。

嘀。

屏住呼吸15秒！

嘀。

嘣

嘣

嘣

啊？

扑哧

啊！好臭啊！怎么一股臭屁的味道！

蕴秀啊，坚持一会儿。只有屏住呼吸才会使血液中的二氧化碳浓度增高，然后大脑会集中精力消除二氧化碳，从而干扰打嗝！

忍住，一定要忍住！

15秒后

呼呼

去除氮气

供给新鲜的氧气

忐忑不安……

嗝儿！

啊！还在打嗝！

博士，最终还是失败了吗？

我的字典中没有"失败"这个词。

砰

！

我本来不打算使用这个技术的……但是为了治好蕴秀，没有办法了！只好勉为其难吧。

嘻嘻……咦？真的，有失误但是没有失败这个单词。

嘀！

蕴秀啊，你辛苦了！现在是最后一个阶段。

上帝啊，观音菩萨！真主安拉！最后一个办法了。请赐福给我吧！嗝儿！

嗡
嗡

呃？"沙发"竟然变成了"马桶"？

嗖

脱下裤子坐在马桶上。

这样就能停止打嗝吗？听着活泼轻盈的音乐精灵在四周跳跃，真的很舒服呢，嘿嘿！

月

嗡

呱！

谢谢您！博士再见。

博士，谢谢您！

再来啊。

哎！真让人挂肠悬胆！用了那么多的方法都不管用，最后的方法总算成功了。不过，最后一个阶段的时候画面突然停止了，我都没有看到是怎么治好你打嗝的，快告诉我呗。

不……不知道，我不会告诉你的。

嗝儿！

手指按摩肛门治疗打嗝最终成功了！刺激神经不仅能减缓心脏的律动，还能治疗顽固性打嗝！

研究也是相当成功啊！哈哈！

方法到底是什么嘛？

你就别问了！我不会说的！

3天后

我竟然也坐在这儿开始了同样的治疗……

嗝儿！

按摩肛门止打嗝！

"求求你救救我吧！嗝儿！"

这时，美国的一家医院急诊室里冲进来一个神色慌张的患者，他已经连续3天都没有停止打嗝了。他既试过屏住呼吸，也试过喝水，还让别人惊吓过他，但都不起作用。这种现象的打嗝属于"顽固型打嗝"。

弗朗西斯·菲斯米尔博士试图通过抓紧患者舌头和按摩眼球等各种方法来治疗打嗝，但是都收效甚微，于是他决定使用一个让人感到莫名其妙的方法，也就是用手指伸进患者的"那里"按摩。结果疗效倒十分明显，打嗝竟然奇迹般地被治愈了。

到底"那里"指的是哪儿呢？答案令人大跌眼镜，那就是肛门。刺激肛门竟然能止住打嗝！到底打嗝和肛门有什么关系呢？为了解开大家心中的疑惑，我们先来了解一下打嗝发生的原因吧。

> 那么只有这个办法了。

嗅！不

嗝儿

嗝儿

简单地说，打嗝是一种由于横膈膜不规律地收缩引起的现象。在正常呼吸时，横膈膜通过有规律地上下运动调节呼吸。也就是说吸气时，横膈膜收缩，胸腔扩大，肺（肺脏）内吸入很多氧气；反之，在呼气时，横膈膜扩张，胸腔变小，肺内的二氧化碳排出。

但是如果吃饭太急或者体温变化太大，就会引起横膈膜的痉挛，气流会从胃中上逆，喉间频频作声，且声音急而短促，此即为"打嗝"。

事实上横膈膜并不能独立活动，它通过接收位于脑部的横膈膜神经和遍布于内脏各处的"迷走神经"的指示进行活动。

因此，顽固性打嗝的产生主要是由于迷走神经的作祟。最初博士采用的抓紧患者的舌头和按摩眼球等方法，目的就是为了刺激迷走神经，但是没有效果，所以他才会采用按摩肛门的方法。虽然这种独特的治疗方法会让多数患者感到难为情，但其治疗效果却很好，且治愈率高，可以使患者恢复平和的呼吸。

18年后，菲斯米尔博士别出心裁的研究——"按摩肛门止嗝法"的研究成果上市了，按摩肛门疗法立竿见影的疗效也使其获得了2006年的搞笑诺贝尔医学奖的殊荣。

 探索科学的奥秘

注意！刺激迷走神经

打嗝时如果有人"哇"的一声惊吓到你，你就不会再打嗝了，这是真的吗？不错！这个方法的确有效。但是，你并不是因为受到惊吓才停止打嗝的，而是在受惊的过程中，迷走神经受到了刺激，所以才会停止打嗝。事实上，迷走神经如果受到新的刺激，就会向大脑发出信号"现在应该处理更紧急更重要的事情"，那么作为对该信号的回应，大脑就会停止之前正在进行的事情，也就是停止打嗝。

下面是能够有效刺激迷走神经的方法：

① 揉搓眼部或用手指轻揉耳朵；

② 喝凉水或抓紧舌头；

③ 屏住呼吸，这样就会使血液中的二氧化碳浓度增高，大脑从而就会集中精力消除二氧化碳，那么打嗝也就自然停止了；

④ 伸手触摸小舌，至呕吐为止。

如果上述方法都没有效果怎么办？那就试一下我们刚才了解到的独特疗法吧。用手指深入病人肛门进行按摩，并进行缓慢的圆周运动，病人打嗝的频率立即开始减慢，并会在30秒内完全停止打嗝。知道吗？经历过短暂的难为情之后，它不仅能把我们从打嗝的痛苦中解救出来，还能刺激到小肠，起到治疗便秘的效果！真是一石二鸟之策！怎么样？厉害吧！哈哈！

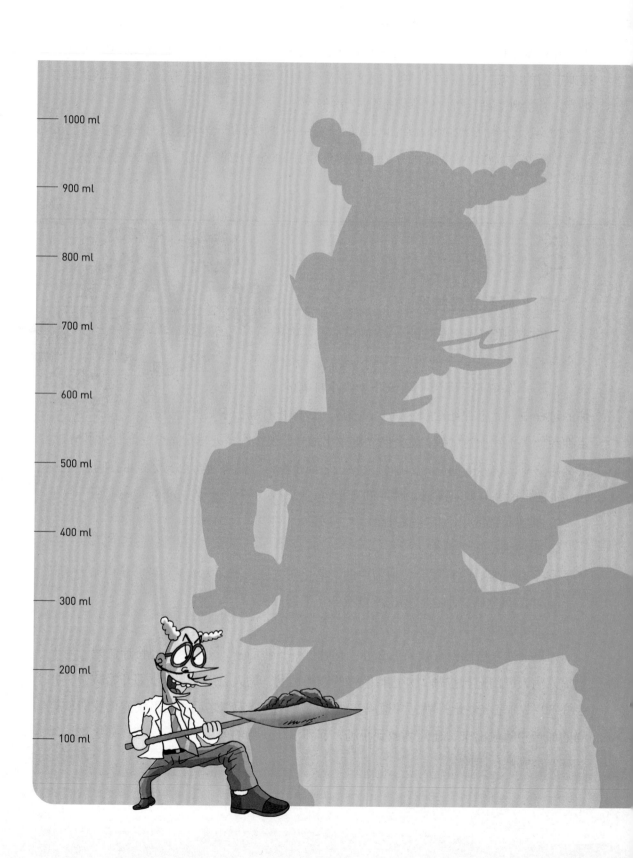

1000 ml

900 ml

800 ml

700 ml

600 ml

500 ml

400 ml

300 ml

200 ml

100 ml

源自牛粪的另类香草味冰淇淋！

源自牛粪的另类香草味冰淇淋……

即使是想象，也会"啐"的一声，感到恶心。

不过它真的能散发出香草味吗？

据说还特别美味……

其中有什么秘密吗？

 # 牛粪香草冰淇淋

曾经被认为是脏兮兮的牛粪竟然能制作成
具有牛奶般光泽的冰淇淋！
出发！
飞跃想象，去探寻牛粪无限变身的可能性～

看来是数据设置出现了故障。

没有更好的办法了，现在解决的办法只有一个！
嗯～～

怎么解决呢？

啊！吓我一跳！你们两个小鬼，什么时候进来的？

刚才呀。

还记不记得前不久刚刚给你们观察过的屎壳郎？

当然了！我还记得超大牛粪球呢。

你们在帐篷里睡觉的时候，我对牛粪的成分进行了认真分析。

哦，原来是这样。

结果在牛粪里发现了令人吃惊的分子结构！

难道……难道是大酱成分？

你的笑话真冷！

那就是可食用性成分——木质素。
吼吼吼！

木质素？

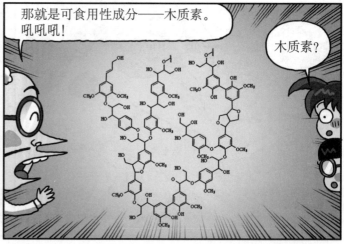

木质素广泛存在于各种植物中。

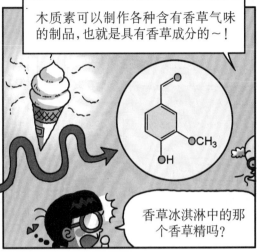

木质素可以制作各种含有香草气味的制品，也就是具有香草成分的～！

香草冰淇淋中的那个香草精吗？

是的！科学家从来就不畏惧失败！！

任何失败对科学家来说就像空气一样！

我们要时时做好应对失败的准备！

难道博士是为了应对机器屎壳郎的失败，才去研究牛粪的吗？

扑哧哧

呃～

恩，令人欣喜的成果。

嘀～

呜呜呜呜

呕！

我发明了用牛粪中提取的香草精制作冰淇淋的机器。

什么？用牛粪中提取的香草精制作冰淇淋？

呕！好恶心！

百闻不如一见！

牛粪！

呕～

孩子们，现在马上就要开始制作牛粪冰淇淋了！

呕！

将1克牛粪和4升水倒在一起。

用200℃的火将其加热1小时。

1克牛粪大约会产生0.00005克香草精。

哎～

OCH_3

OH

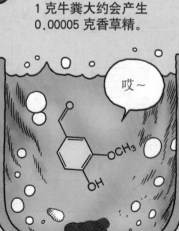

所以，一坨牛粪里提取出来的香草精制作一个冰淇淋绰绰有余！

再怎么说牛粪和冰淇淋有点……

天然燃料的过度使用，不仅导致了原生态资源的缺乏，而且使得全球变暖现象也在加剧……

嘣

呃

牛粪不仅可以作为制作冰淇淋的原料，还可以成为新型绿色环保燃料。

拭目以待吧！我们华丽的大变身！

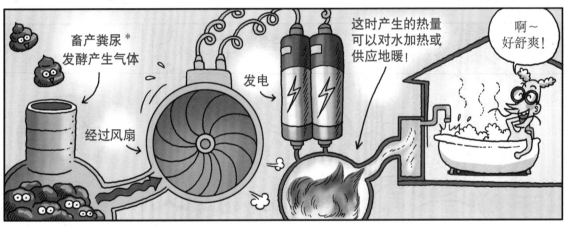

畜产粪尿 * 发酵产生气体

经过风扇

发电

这时产生的热量可以对水加热或供应地暖！

啊～好舒爽！

这样的发明既可以清理农村令人生厌的牛粪，做到废物回收利用，

啪

又可以阻止地球变暖，可以说是一次抓到两只兔子 *——一举两得呀，呵呵。

那么现在我们就来看看成果吧？

嘀

*畜产粪尿：牛、猪、鸡等禽畜的粪尿。

*编者注：在韩国，"一次抓到两只兔子"用来形容做一件事情可以取得两个方面的效果。

印……度……

啊？印度？

噔～

安拉！

印度的牛很多。没有哪个国家的牛粪比印度的更多了，所以机器屎壳郎全都飞去了那里……

别说什么冰淇淋了，这一个月内堆积的牛粪已经够让人头疼了。

唉！真是豆腐掉进灰堆里！

什么意思？

意思就是不能吹也不能拍，很难收拾残局呗！

牛粪中提取的香草精制作的冰淇淋

"吃吧！吃吧！"

在搞笑诺贝尔奖的颁奖现场，众人突然开始激动地欢呼起来，而获奖者们脸上都露出尴尬的表情，直到最后才勉强吃了一口冰淇淋。

他们的嘴里满溢着甜甜的~香草味！这个冰淇淋的名字叫做"Yum-a-Moto Vanilla Twist"（美味的麻由冰淇淋卷）。不过为什么获奖者都是一副很奇怪的神情呢？

2006年3月，山本麻由（Mayu Yamamoto）博士带领的日本国际医学研究中心发现，牛粪在高温和压力的作用下，会产生香草味道的主要成分——香草精。

香草精是应用于香水和冰淇淋等物品制作之中的香料物质。天然的香草精是从各种植物的木质素中提取出来的，多从香草果实中提取。不过香草精价格起伏很大，而且供给困难，所以很多人都在寻找价格低廉的天然香草精的制作方法。

从牛粪到冰淇淋的大变身！

山本博士由此联想到食草动物——牛吃牧草，所以牛粪中应该含有丰富的"木质素"成分，实验结果证实了她的猜想。她的研究"用牛粪中的'木质素'制作香草精"取得了巨大的成功！

从牛粪中提取的香草精与从香草果实中提取的成分完全一样。

然后博士发明了一种机器，一天内能处理数吨牛粪还可从中提取出香草精，这样不仅可以清理令人生厌的牛粪，还可以以低廉的成本获得香草精，真可谓是一举两得啊。

凭借这项研究，山本博士荣获了 2007 年搞笑诺贝尔化学奖，但事实上冰淇淋公司拒绝使用牛粪香草精。他们认为，从牛粪中提取香草精这一事实会降低顾客购买冰淇淋的愿望。

不过不要因为粪便中有奇怪的味道就忽视它。一种叫"吲哚"的物质就隐藏在腐烂的蛋白质或者哺乳类动物的排泄物中，换言之，"吲哚"是散发出令人不快的粪便味道的罪魁祸首。然而如果以 0.001% 的比例把吲哚混合在酒精溶液中时，反而会散发出茉莉般的幽香……所以谁知道呢，也许妈妈身上散发的香水味就是轻微的吲哚香呢……嘘！

 ## 探索科学的奥秘

屏住呼吸会让味道变得模糊！

奇怪，现在分不清到底是粪便还是香水的气味了？不过真存在分不清味道的情形。怎么回事呢？味道不是通过嘴巴感觉到的吗？怎么会因为气味而分不清呢？我们通过一个简单的实验来验证一下吧。

屏住呼吸，尝一下苹果、洋葱、葡萄汁或者橙汁，感觉怎么样呢？很吃惊吧。堵住鼻子后吃东西的话，竟然很难区分出味道。为什么会这样呢？因为我们是通过味觉和嗅觉的共同作用感知味道的。

那么我们是怎么感觉到气味的呢？气味分子一般多含有挥发性成分，所以很容易散发到空气中。人在吸气时，空气中的气味分子会进入鼻子中，到达鼻子上方的嗅上皮细胞。嗅上皮细胞中有嗅觉受体，气味分子与各自对应的嗅觉受体结合在一起，然后由神经细胞向脑部发送信号，我们才能闻到气味。人能够分辨的气味大概有一万种。

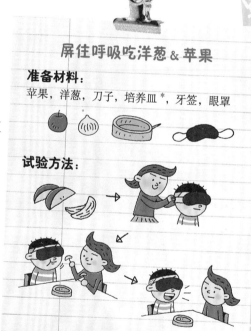

屏住呼吸吃洋葱 & 苹果

准备材料：
苹果，洋葱，刀子，培养皿*，牙签，眼罩

试验方法：

① 将苹果和洋葱分别切成大小相等的两份；
② 用眼罩蒙上眼睛，屏住呼吸，然后依次吃苹果和洋葱；
③ 辨别一下，味道有什么不同。

* 培养皿：用于培养细菌的玻璃制扁圆形容器。它由一个叫皮特尼的人研制制造，因此也叫皮氏培养皿。

企鹅的排便能力是人类的 8 倍

匈牙利、芬兰和德国的科学家们组织了一个企鹅研究团，有一次他们发现企鹅从巢穴中向外排便的现象，为了探寻究竟，科学家们齐心协力地精心研究。最后发现，企鹅之所以排便时也不肯离开鸟巢是为了保护和照顾企鹅蛋和企鹅宝宝。

根据该研究团的报告，企鹅排便时只是将屁股移到巢外。可是如果这样的话，企鹅的巢穴外面不就堆满了粪便吗？

不要妄下定论。实际上企鹅排出的粪便都飞散到了距离鸟巢达 40 厘米远的地方，也就是说用"喷便"这个词更为贴切。企鹅喷便时肛门处的气压值达到了 0.1 ~ 0.6 帕斯卡，比人排便时的压力大 8 倍。

梅尔罗超研究员认为：有关企鹅排便的研究是关乎"从狭窄的管道排出流体"的重要研究，而且该研究在 2005 年获得了搞笑诺贝尔流体力学奖 *。不仅是这项研究，粪便和消化也是很多科学家们的研究主题。德国马克思弗朗克研究所的人类学者——亨利博士通过分析生活在 2200 年前的印第安人的粪便化石，发现

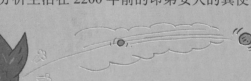

了他们得以维系生命的食物。

不过话说回来，如果有喷便大赛的话，企鹅肯定是第一名！

如果有喷便大赛的话，我肯定是第 1 名！

* 流体力学：物理学的一个分支，是研究流体（液体和气体）的力学运动规律的学科。

另外，韩国农村振兴厅研究组还发现，蚕排出的粪便对治疗过敏极为有效。韩国科学技术研究院水质环境研究中心的朴焕澈博士也因改进了粪便处理技术而为人们所熟知，具有"粪便博士"之称。

那么"大便"是什么呢？它是生物所吃的食物经过消化吸收后残留的废弃物。"粪"的繁体字"糞"，便是由"米"字和"異"字组合而成，也许我们的先人很早以前就把"粪"看做了"米"的另一种形式吧。

从肛门中排泄的大便是肠胃中的代谢废弃物，所以是长长的圆形。

不过颜色怎么解释呢？不管是吃了红色的西瓜，还是黄色的萝卜咸菜，为什么大便都是黄色呢？这是由于胆汁中的"胆红素"造成的。这种色素与食物混合后，在消化过程中会悄无声息地将食物代谢物染成黄色。

微乎其微的大便里也潜藏着无数令人惊奇的科学现象……这一切真是让人惊叹不已。

亲爱的，辛苦你了～！

🔍 掌中科学

令人感动不已的帝企鹅的父爱

个体最大的企鹅是生活在南极的帝企鹅。帝企鹅一般身高都在 110 厘米、体重在 30 千克以上。它们的身高相当于小学四、五年级的小学生，是当之无愧的企鹅界的皇帝。

帝企鹅对企鹅宝宝的爱也非同寻常。我们知道，南极平均气温在零下 40℃，是地球上最冷的地方。在如此寒冷的天气下，帝企鹅依然会义无反顾地选择在冬天的 5 月交配产蛋。这是为什么呢？因为如果在夏天交配的话，企鹅宝宝就要度过严寒的冬天了。原来如此！

雌企鹅产下的蛋由雄企鹅保管，这种孵养方法也很独特吧？为了防止企鹅蛋接触到冰冷的海水，雄企鹅会把企鹅蛋放在脚上方 60 多天专心孵蛋，在这个过程中，他们几乎不吃不喝，这种过度的辛劳会让雄企鹅体重减轻一半。然后在 7 月中旬企鹅宝宝破壳而出时，雄企鹅又会把它们唯一的食物喂给企鹅宝宝。如此深情的父爱，着实很让人感动呢！

暴饮暴食的秘密?

好吃的比萨,只吃一块就可以,

可是已经吃了四块了。

为什么只要食物摆在眼前,我就会忍不住伸手去拿呢?

啊,从科学的角度发现了原因?

原因是什么,是什么? 快告诉我哦!

取之不尽的鲜汤实验

"手伸过去了……伸过去了！总是忍不住
伸手想拿东西吃～"
寻找克制不住眼前美食的原因！

天啊！

内科

真倒霉！怎么会偏偏赶在春节做盲肠手术呢……

那也很幸运了，好在没什么大病。

可真是吓死我了。

不过怎么办呢？明天是初一，我没法去扫墓了……唉！

明天爸爸要在医院照顾妈妈，你要好好待在家里，知道吗？

是。

大年初一的时候不去祭祀祖先，好像有点失礼呢……

就是说哦。

我倒是有个好主意！

哦？快说哦。

利用灵魂透视眼镜，可以直接拜见你的祖先。

啊？什么？拜见去世的爷爷奶奶吗？

哇！好神奇噢！灵魂透视眼镜！嘿嘿！

李蕴秀！

怎么？你没去扫墓吗？

嗯，我们家是在元旦祭祀的。

我猜也许你在这里呢，过来一看，果然在呢。

啾啾！

这里就是供奉爷爷奶奶的奉安堂＊吧？

是的。

＊**奉安堂**：安放火葬后的尸体遗骸的地方。

好了，孩子们，赶紧戴上灵魂透视眼镜吧。

啪嗒

啪嗒

哇，我好像看到了，看到了，看到灵魂了！

那里，在那里！我看到爷爷奶奶了。他们在外边。

爷爷，奶奶！

嗯？美莱啊！乖！

呃，他们好像在等家人来探望呢。

见到你真是太高兴了……

你们能看到……我?

当然啦！

哦！原来如此啊。

儿媳妇身体那么不舒服，今年就不用祭祀了。

能看到孙女已经很开心了。

请不要担心！虽然算不上正式的祭祀，但是我会用特别的方式侍奉您二位的。

哦？特别的方式？

哇，鬼魂一点都不可怕耶。

哇嗷！

加德自助

原来这就是自助餐啊。

你看这儿堆满了食物。真的好多！

虽然习俗上今天应该接受正式的祭祀，不过，我觉得去不同的地方感受一下也很不错呢！

琳琅满目

李蕴秀！你慢点吃。今天可不是你的节日，而是我爷爷奶奶的节日，你悠着点！

吧唧吧唧

不管怎么说我也受到邀请了嘛！嘿嘿。

嗝儿！

嗝！

你都已经吃了8盘了！

博士，真的好神奇！连饭量小的人在吃自助的时候，也会比平时饭量大二到三倍呢。

很奇怪吧？这里边可是隐藏着让人暴饮暴食的秘密哦。

李蕴秀的肚子 ↓

你听说过"取之不尽的鲜汤实验"吗？

取之不尽的鲜汤实验？

还要再去吃。

呃！撑死了！撑死了，为什么这汤还是不见减少呢？！

将汤碗下面连接一根导管，鲜汤就会源源不断地持续供给。

呵呵，一天也喝不完呢。

当然，喝汤的人并不知道这一事实。

持续供给

汤桶

实验结果表明，这种情况下人们会比平时多喝73%左右的汤。

73%？

因为大部分人的饱胀感并没有精确的标准，

嘞儿！

都是等待盛在碗中的食物基本清空了之后才有饱胀感。

嘞儿！

脑

摄食中枢

大脑中有控制我们摄取食物的摄食中枢区，摄食中枢出现异常反应的时候，就表明我们饮食已经过度。

以进食来消解压力也会导致暴饮暴食。

例如，被恋人抛弃了！

呜呜

吧唧 吧唧

呵呵 呼味

但是……这么多美食，不知道吃什么，怎么吃……

啊，抱歉哦，刚才我一味沉浸于说明了，忘了告诉你们！罪过罪过。

看见了吧？还是请您二位不要学那孩子的饮食习惯才好，呵呵。

嗝儿嗝儿

……

那么现在我就为大家揭秘：什么样的方法才会避免暴饮暴食！

揭

大

秘

但是爷爷奶奶只是魂灵，和我们不一样，要怎么才能吃东西呢？

实际上我们吃的不是食物，而是食物所散发出的灵气，就好像我们看到的空气一样。

使用的盘子也只是盘子的灵气。

噢！

那么咱们开始吧？
第一，如果想吃到新鲜的美食，就一定要把握好时机哦！

美味待食中……

上午的自助餐时间是从 12 点开始！现在刚好是 11 点 55 分！是品尝新鲜美食的最佳时机。

好香！

第二，在吃饭之前，先转一圈，四下环顾，寻找美味佳肴的放置地点！

哇

这里

那里

喵喵

如果吃饱以后才发现了美味……

那就很可惜喽，可惜哟。

第三，先从
沙拉开始吧。

自助餐也讲究先后顺序哦。进食沙拉所产生的饱满度较小，而且能够提高食欲，当然是首选喽！

第四，在吃开胃菜 * 时，要注意先吃凉的再吃温的。

冷 凉

温 暖

在吃完蔬菜或牡蛎等凉性食物后，

再来喝粥或者汤等暖性食物！

第五，现在是美食奉上的时刻！吃主菜时要先吃海鲜……

热腾腾的肉类要待一会儿才能品尝哦。

第六，今天的特色菜——特别主食料理！

咚 咚

*开胃菜：吃饭前提高食欲的食物。

海鲜料理在市里至少要卖5万韩元呢！

嘶嘶

喵！

大龙虾也属于较贵的食材，理所当然排在第一位。

好了，现在是品尝主食的最佳时间～

最后是甜点！

嗯～好甜的蛋糕！

冰淇淋也很不错呢。

托博士的福，我们今天既见到了孙女，又亲眼目睹了什么是山珍海味*的过犹不及*。

谢谢您陪我们度过了一个别致而又有意义的新年。

嘿嘿，你们太客气了。

哦？过犹不及？什么意思呢？

呵呵，对于暴饮暴食的李蕴秀来讲，这个成语倒很贴切哦。

呃！我的肚子！

咕噜噜！

* **山珍海味**：用山里和海里的材料制作的食物。

* **过犹不及**：事情做得过头，就跟做得不够一样，都是不合适的。

好了，现在我们都已经吃饱了……

不如把朋友们叫来怎么样？

嗯？朋友们？

啊！

赶紧进来吧~

嗖

这些都是奉安堂的朋友们，春节没有家人探望，很孤独呢。过节的时候相互分享一下自己的美食不也是一种美德嘛！

好~如果想在自助餐厅大吃一顿的话……

先排好队！！

我好像明白过犹不及是什么意思了。

憋足劲

哗啦啦

轰轰

不要先吃肉……

51

我们用眼睛而不是用肠胃判断吃了多少食物？！

"哇，自助餐！"

自助餐厅是可以同时吃到海鲜和肉类等各种料理的地方。它不仅能让人们体会到自由选择食物的乐趣，而且进餐时也可以不受量的限制，让我们大饱口福，是最具吸引力的美食餐桌。

然而去吃自助餐时，为什么会经常发生暴饮暴食的现象呢？这是因为，"只要交纳一定数额的金钱就可以无限量食用"的这项规则起到了一定的推动作用。

不过，是不是因为不清楚自己比平时多吃多少食物引起暴饮暴食的？去吃自助餐的话到底会比平时多吃多少才会有饱胀感呢？另外，肠胃会有饱胀感，分明是"肠胃"本身的职责所在，为什么会导致肠胃功能紊乱呢？有的人专门针对这一点进行了研究。

美国康奈尔大学负责食品市场营销的布莱恩·汪辛克教授，为了透彻研究"视觉心理对肥胖的影响"这一课题，以54名成人为研究对象做了这项实验。在研究过程中，给其中一半人的碗里只添满一次汤，而给另一半人大小一样的碗，但底部却连接有导管，通过导管可以秘密地持续供给鲜汤，所以他们再怎么喝也喝不完。后来就用"取之不尽的鲜汤"命名这项实验。

实验结果表明，用底部连接有导管的碗喝汤的人比其他人平均多喝了 73%。

布莱恩·汪辛克教授针对这个研究成果作了这样的说明：“我们可以看到，人们更多是用眼睛判断吃了多少食物而不是肠胃。”该研究荣获了 2007 年搞笑诺贝尔营养学奖。

人们吃自助餐的心理和用“无底碗”喝汤的心理相似。在吃不完的东西面前，不管是谁都会比平时多吃 73%，自然形成暴饮暴食的后果。所以，我们一定要小心陷阱哦。

探索科学的奥秘

神奇的杯子

与“取之不尽的鲜汤”原理相反，有时候器皿盛得太满就会变空！好奇怪哦，不过还真有这样的器具，那就是朝鲜时代的大商人——林尚沃经常带在身边并且一直流传至今的神奇酒杯——戒盈杯。

“戒盈”就是“警戒盛得太满”的意思。酒杯只能盛适量的酒，如果盛的太满，杯中的酒就会全部漏掉，一滴不剩。

林尚沃通过戒盈杯以警戒自己产生过度的欲望。那么这个神奇酒杯的原理是什么呢？

制作戒盈杯

准备物品：

纸杯，有螺旋的吸管，剪刀，锥子，透明胶带，黏着剂

实验方法：

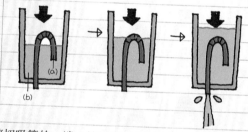

① 剪切吸管的一端，并使其弯曲，上部需要达到纸杯的 3/5，同时下方接近纸杯底部；
② 用胶带固定吸管，使较短部分和较长部分平行；
③ 用锥子在纸杯的底部钻一个洞，然后将吸管较长部分塞进纸杯洞口里边；
④ 用胶带或黏着剂等堵住吸管周围的缝隙；
⑤ 将伸出纸杯外边的部分适当剪切，完成戒盈杯；
⑥ 试着往纸杯里加入不同高度的水，观察在什么情况下水会从底部漏出。

戒盈杯的秘密与大气压和水压有关。只有一点水的时候，吸管的内侧 (a) 和外侧 (b) 中的气压相同，水不会洒出；而水过多时，水面上升，水压比吸管内的气压增高，导致水通过吸管向下排出。

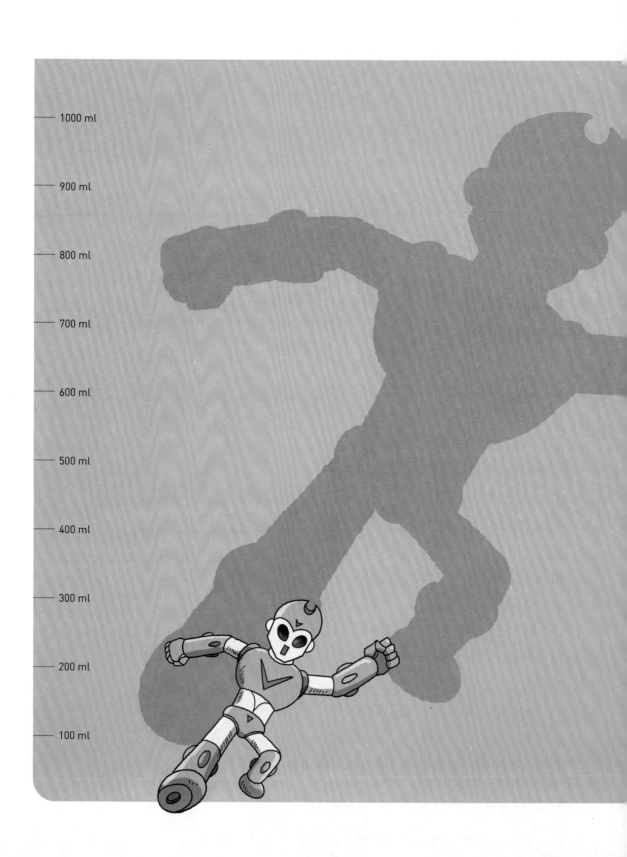

1000 ml

900 ml

800 ml

700 ml

600 ml

500 ml

400 ml

300 ml

200 ml

100 ml

让机器人和你心有灵犀!

沉默不语时机器人也能按照自己的想法行动吗?

机器人也有读懂人类想法的能力吗?

呵呵,如果真出现了能按照我的想法行动的机器人,

应该先吩咐它做什么呢?

让机器人和你心有灵犀

不用伸手，桌上的饮料就会自动送到我面前……
只有在电影中才可能发生的故事竟然变成了现实?
心情阳光明媚，嘀哩嘀哩~

喂，李蕴秀!你过来一下。

唉! 难道那些家伙又……!

你带钱了吗?

有的话都拿出来，臭小子!

没有!

你这是什么态度? 要互相帮助嘛……

啪

哎呀!

哎呀!

难道这就是请求帮助的方式吗? 你们纯粹是勒索!

学长就应该有学长的样子嘛。别欺人太甚了，狗急了也会跳墙的!

嗯?

鹤　拳

今天，我要以正义之名来惩罚你们。

猛扑

……

哇哇～，好委屈！欺负手无缚鸡之力的小孩，甚至连钱都抢走！这算什么英雄好汉，简直是流氓无赖！

真是……

别动，我帮你把药敷上……

有时我真想痛扁他们一顿。

打～

啊！

呃！

唉～，只是在想象中才能教训他们……

如果我的想象能变成现实该有多好啊……

唉！可怜的李蕴秀

嗯……好吧……倒是有一个方法，即使不动一根手指，只凭想象就能教训他们！

什么？真的吗？

那要怎么做呢？

力气不够的话就动动脑筋！

啊！好疼！

啊

也就是说，可以利用脑电波实现你的梦想喽！哈哈哈哈……

嗯？脑电波？

实际上，最近我正在利用脑电波做着一项前所未有的实验。

嘀

嗖

吱吱!

咦？这不是猴子嘛？

哇，好可爱!

这是我的朋友——萌博士，在实验中它会展现出令人惊叹的能力。孩子们，一定要看仔细了哦！萌，来，到这边来。

啊!

吱吱!

嗖

咧

好，戴上帽子!

只有头部露在箱外的猴子，机器胳膊，还有花生……

?

嗞嗞嗞!

现在开始!

吱!

现在只是在帽子的外形上做了这些尝试，

在耳环、项链、眼镜、甚至头皮中直接植入脑电波传感器也是可以的。

想一下吧，对于那些腿脚不灵便或行动受限的人来说，这个装置不就像个救世主吗？

脑电波机器腿

不仅能走路，而且还能让人跑步！

脑电波机器胳膊

一百万零二十一，一百万零二十二……

脑电波鼠标！

点击！

照片邮件

传送

键盘、鼠标都可省略。

对于饱受挫折和痛苦的人们来说，科学能燃起他们新的希望。听着是不是很欣慰呢……？

啊！

咔！哎！

怪物出现了！快跑！

哼！这帮可恶的坏蛋！我们是时候出动了。

蕴秀，美莱，并肩作战！

啪

脑电波机器人"泰勒波V"出动！

呜～翏

脑电波机器人"泰勒波X"出动！

呜～翏

臭怪物，等着瞧，看我怎么收拾你们！

呃！呃！

失去了操纵者，机器人可就是废物了。快！立即找出操纵者！

哈哈哈哈～，那个机器人是脑电波机器人，根本没有实地操纵者！它的脑电波是距其数千米远的研究所发送出来的……

啊，呃！不行了，我快要不行了！

碎

啪

只要有脑电波机器人存在，地球就会永远和平！

啪嗒

？

嗨，李蕴秀，你在想什么呢？这么入神！

嗯？

啪嗒啪嗒

啊？没……没什么，我什么都没想……

嗯。

?

蕴秀啊，来，过来。我有好东西要送给你。

嗯？什么？送给我吗？

噢？这是什么东东？

可不要经常操作它哟~

第二天

○○小学

♩

看，李蕴秀从那边过来了。

哈哈。

嗨，打算去哪儿呀？

忘了过路规矩和礼仪不好吧。

那是自然，所以我早就为哥哥们准备好了足够的礼物。

吼！

哇！好帅气！就好像蝙蝠侠的行装一样！

嘿嘿！早就应该这样做了嘛。

咚

……！

和你心有灵犀的机器人

"我不用动手就能打开电视。"

如果有谁敢说这样的话：

第一，怀疑他是假装拥有超能力的骗子。

第二，必须确认他的大脑中是否有脑电波识别装置。如果他说拥有超能力，我们有充分的理由怀疑他是个骗子；但如果利用了脑电波，那就另当别论了，因为已经有研究证实了用脑电波支配行动的可能性。

2003 年 10 月，美国杜克大学的迈克尔·尼克雷力斯博士带领的科研小组，在猕猴的脑中植入了可以识读脑电波的微细电极，微细电极移植的地方在额叶和顶骨叶之间，这是调节肌肉运动的脑部领域。

研究组将移植入猕猴大脑中的微细电极与电脑相连，并将电脑与机器胳膊连接，然后根据监视器上的光标观察猴子的行动，并分析猴子行动时产生的脑电波。

最后找出猴子胳膊上的肌肉运动时该区域出现的对应脑电波。在之后的试验中，即使猕猴没有亲自动手，利用它脑电波的传导，与电脑连接的机器根据暗示指令也可以独立行动。

该研究组在第二年——即 2004 年就发表了"依据人类想法可使机器人进行相应行动"的研究论文。该小组也对身体具有严重颤抖症状的 11 名帕金森患者进行了微细电极移植的实验。

该实验就是让患者做简单的类似举手的活动，在这个过程中记录下患者手部移动时出现的脑电波波动，然后将患者的脑电波连接到电脑可以操纵的机器。

对一般人来说，打开电脑或电视是一件很容易的小事，而对行动有障碍的人或者残疾人来说，这种小事则是耗时耗力的艰巨任务。

杜克大学研究组发明了用无线电波传送信号的电极。由此我们可以预见，"随心所欲"的无线电机器人的出现将是指日可待的事情。

虽然没有获得搞笑诺贝尔奖，但是这项研究立足于怪诞离奇的想象之上，旨在抚平人类难以愈合的伤痛，这一方面是值得我们高度推崇的。

世界上千奇百怪的科学

随心所欲的脑电波轮椅

向右！向左！日本最近研发出了一种运用脑电波操纵轮椅的技术，即患者坐在轮椅上，只需要专心思考着希望前去的方向，脑部相应区域便会产生对应的脑电波，这些脑电波会形成数据流传入电脑，电脑识别后就会操纵轮椅进行移动，这的确是一项令人惊叹的技术。比如，想到左手便是向左转；想到右手便是向右转；想到并用两脚向前行走，轮椅便会径直前行；想要停下时，只要移动脸颊的肌肉就可以。这台机器真是神奇无比——可以做到与人类心有灵犀。

坐在轮椅上也可以"随心所欲"

脑电波轮椅每间隔 0.125 秒便可以重新命令一次，精确度高达 95% 以上，对于全身麻痹症患者而言，这是一项福音般的高新科技。这项技术还可广泛运用于医疗、看护等领域。只是在使用脑电波轮椅之前，人的大脑需要接受特殊的训练。

啊哈！

别人咀嚼食物，自己也会口水连连

"啊哈，吧唧，啪，啊，真爽！"

我们一般都会用眼睛看电视中出现的广告，现在请你闭上眼睛用耳朵去倾听吧！饮料或酒的广告中大部分会有陶醉地品味的声音，饼干广告中则是享受地咀嚼的声音，拉面广告中则免不了会是津津有味"吱溜吱溜~"的声音。即使是只听声音，也会让人忍不住流口水。

有人由于研究"咀嚼食物发出不同声音与人们不同的心理反应的关系"而获得了 2008 年搞笑诺贝尔营养学奖。他们就是意大利特兰托大学的马西米利亚诺和英国牛津大学的查尔斯·斯宾塞。心理学家斯宾塞教授的研究表明：吃饼干时发出的声音越动听，越能给人以美味的感觉。他研究的主题是"饮食时发出的声音对人们食欲的影响"。

事实上关于声音对人们食欲影响的研究很久之前就有人进行过，并且其成果已经被广泛应用到多个领域。

世界著名的摩托车公司哈雷戴维森，发明并应用了马蹄声的引擎。"嗡，嗡，嗡嗡"震耳欲聋却如音乐般低沉的排气声让人联想到美国西部开荒时代的马蹄声。这种轰鸣声，

好…像…很…好…吃！

咔嚓

咔嚓

无一不符合人类在梦中对力量和自由的物化想象。也正是由于这个声音，使哈雷戴维森获得了"世界第一摩托车公司"的美誉。

著名麦片公司 Kellogg（凯洛格）选择了咀嚼麦片时最为轻快的声音作为广告声音使用。同样大部分的饼干公司也都会为制作"咀嚼饼干时能发出悦耳的声音"的优质广告片而煞费苦心。

能使人们对产品产生安全感和信赖感的声音又称作"感性噪音"。很多公司都会为了迎合产品的形象而去设计悦耳的声音特效。

在韩国，一家吸尘器公司在制造吸尘器时设定的噪音标准是 59dB（分贝），约是图书馆噪音标准（45dB）强度的 2 倍（一般来说，声波每增加 10dB，噪音强度便会扩大 2 倍）。实际上噪音还可以再减小，但是消费者在分辨吸尘器的好坏时，通常会通过吸尘器发出的声音来辨别，所以该公司选择保持适当的噪音。

吃食物时都会发出什么样的声音？广告中使用的都是什么样的声音？用你的耳朵细心聆听吧！声音也是科学哦。

掌中科学

舌头的味觉系统出现了紊乱！

舌头是品尝食物最关键的器官，是消化的第一道关卡。食物进入口中后，牙齿会用力咀嚼食物，被嚼碎的食物颗粒进入到舌头中无数的突起味蕾（taste bud）中。味蕾中的味觉细胞就会对食物的味道作出判断，然后将此信息传递给大脑。

很久以前我们就明白，舌头判断苦味、咸味、甜味有其不同的区域分布，但是哈佛大学心理学者证明了德国这项研究得出的结论是错误的，德国方面也已经发表报告承认了这一错误的事实，而且 2001 年美国科学杂志的代表——《科学美国》也发表文章证明了舌头感知味觉的错误。

味觉研究的权威——美国耶鲁大学的琳达·巴特斯博士认为：舌头的部位不同，感觉味道的程度就有所不同，但是只要是有味蕾的地方，都可以感知味道。

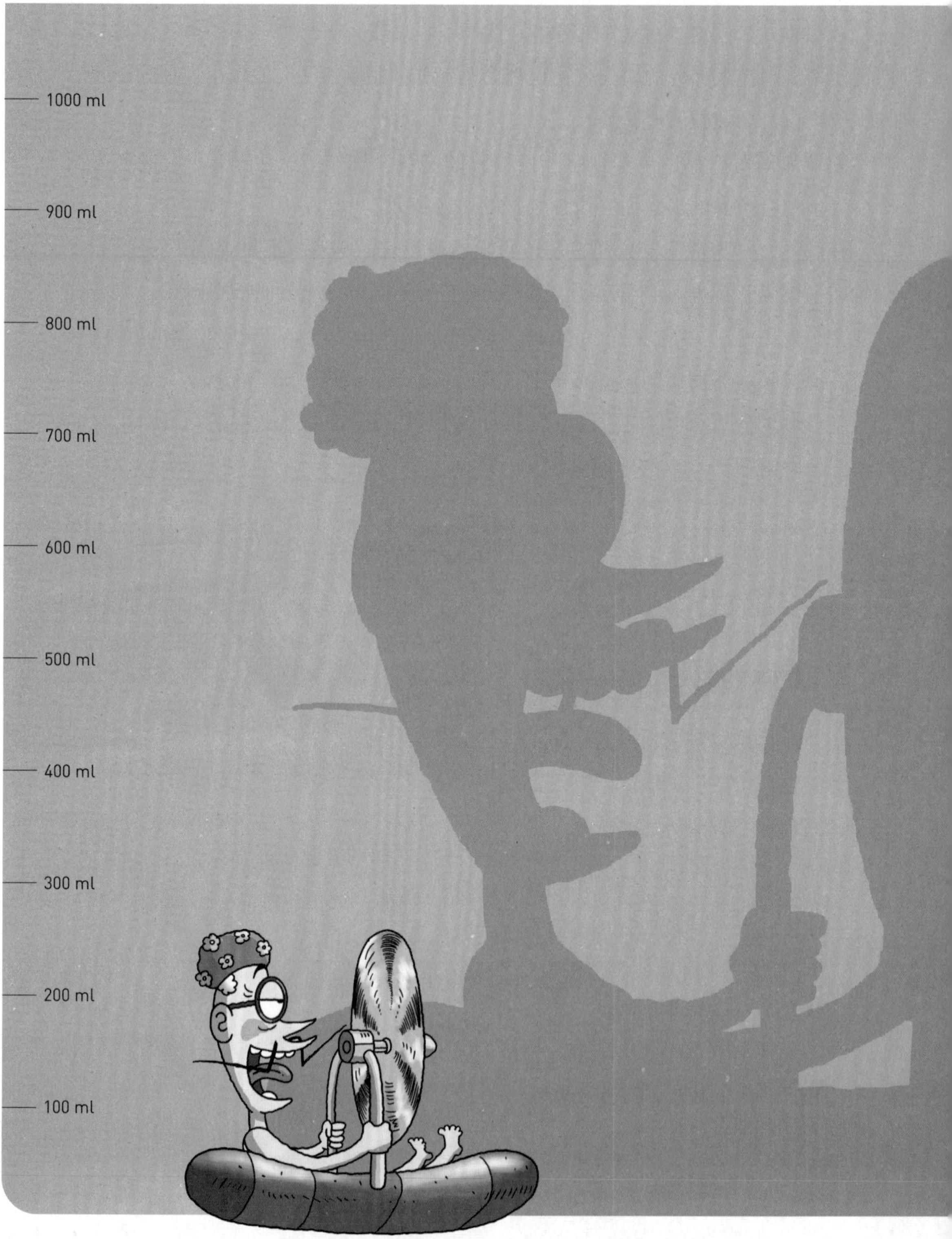

1000 ml

900 ml

800 ml

700 ml

600 ml

500 ml

400 ml

300 ml

200 ml

100 ml

糖浆中的游泳健将

呃，在黏糊糊的糖浆中怎么可能游泳呢？

什么？还会比在水中游得更快？

那么我也能像朴泰恒选手一样成为"海上男孩"吗？

在糖浆中游泳

如果想和"海上男孩"——朴泰恒选手
一样擅长游泳，应该怎么做呢？
换掉嬉戏的水，哦，不，
是换掉用来游泳的水，会怎么样呢？

朴泰恒有什么厉害的！我也要去挑战游泳！让你看看我的厉害！哼！

然后都美莱一定会被我李蕴秀的魅力所折服！哈哈哈！

几天后，游泳池附近

真是！

救命啊！快救我啊！

咕噜 咕噜

你这小子不会游泳，怎么还敢跑到这么深的地方？

5米

我想成为朴泰恒第二嘛！

哗哗哗

游泳需要慢慢学的，一开始就去深水区会出事的！

呕

啦啦啦啦啦
啦啦啦啦啦
　啦啦啦～

嗯？那个老爷爷在做什么呢？

哈！易各讷贝尔博士！

真是的，老爷爷！室内游泳池不可以驾驶橡胶船的！

我可是在做实验呢。

啊哈，真是奇怪！

无论如何都不可以在室内驾驶橡胶船，不过您可以去汉江做实验。

在汉江被赶出来以后才来这儿了。

这地方禁止用船呢！

噢，好吧！

不过李蕴秀，怎么你也来游泳池了？

哦，那……那是因为……

嗯，对了，这是个好办法！

嗯？什么……什么意思呢？

咚！

除了这艘小船我还有其他的发明，用我另外一个发明可以在短时间内提高你的游泳能力！

啊？真的吗？

女

男

噗

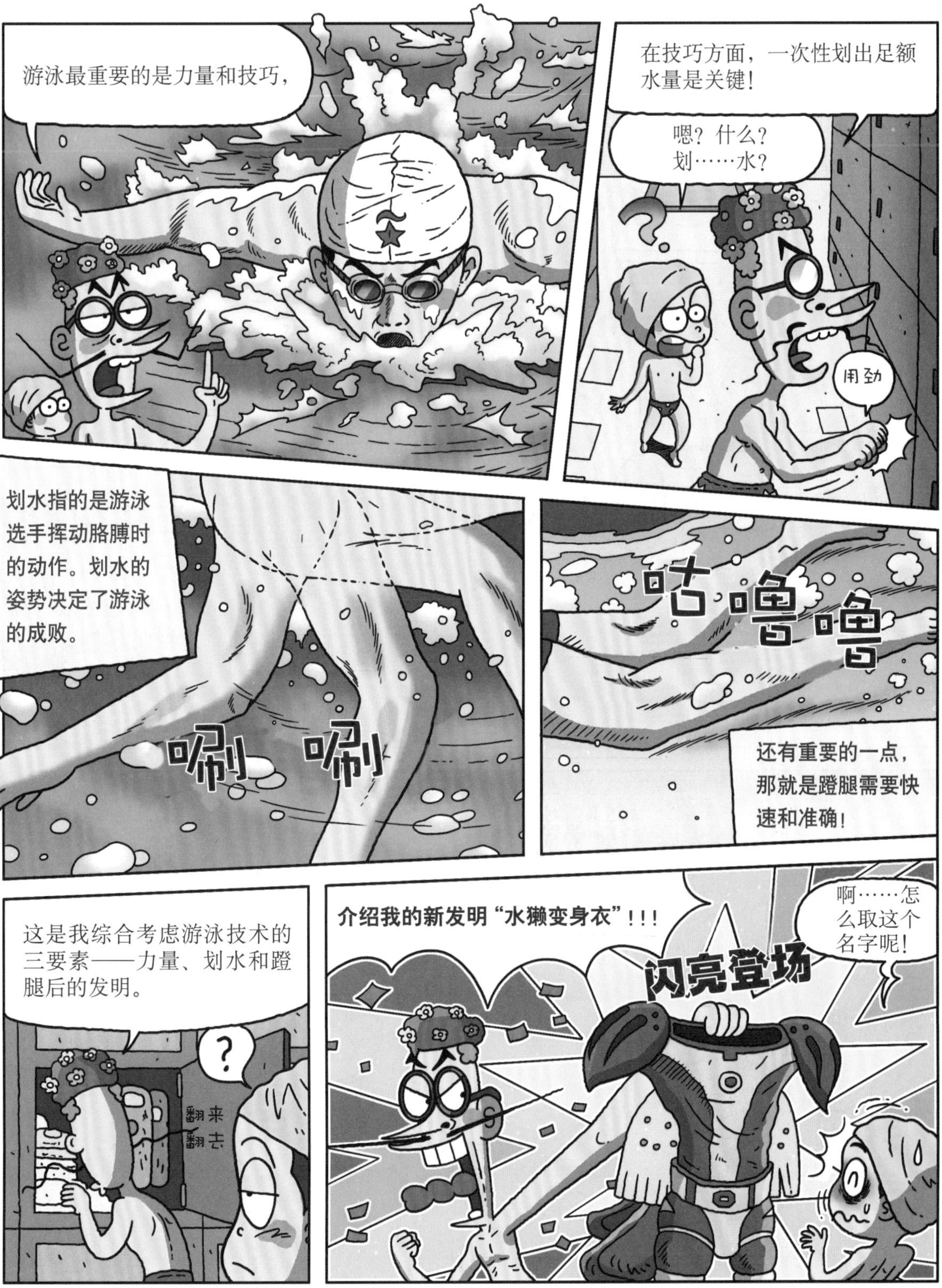

游泳最重要的是力量和技巧，

在技巧方面，一次性划出足额水量是关键！

嗯？什么？划……水？

用劲

划水指的是游泳选手挥动胳膊时的动作。划水的姿势决定了游泳的成败。

唰 唰

咕噜噜

还有重要的一点，那就是蹬腿需要快速和准确！

这是我综合考虑游泳技术的三要素——力量、划水和蹬腿后的发明。

?

翻来翻去

介绍我的新发明"水獭变身衣"！！！

闪亮登场

啊……怎么取这个名字呢！

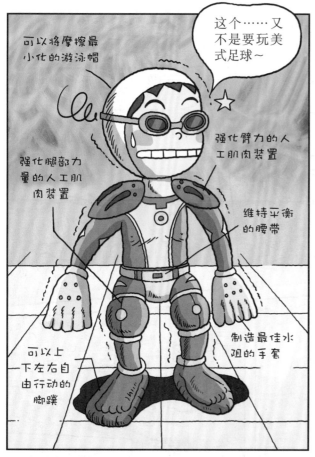

对！就是它！
开始启动！

呜哇哇

是什么呀？

啊！

哇！

啊！博士，这根本不是我在游泳，
而是机器在游泳！

唰——唰 唰

快告诉我调节装置
在哪？要把速度减
下来才行啊。

哦噢

调节装置？

我没有做，
因为……
那个制作费
用很高的……

啧啧，我们应该亲自学习游泳，而不是借助机器装置……

真不忍心看下去了。来，蕴秀，过来这边，我教你游泳……

啊？真的吗？好感动哦，谢谢你！

先从热身活动开始！

然后是有规律的用力蹬腿！！

吸气！憋气！呼气！

噗噗

1小时后

博士，你看，我正在游泳哦，嘿嘿。

轻轻地

在这么短的时间内就学会了游泳，真了不起。看来你已经掌握了游泳的基本技巧。

30秒2米

啪啪啪

不过还有点慢……

呼哧！呼哧！游得这么累却只向前游了5米，这样下去连朴泰恒哥哥的脚后跟都赶不上！！

一天的时间学到这个水平已经很了不起了哦。

不过我还是很想提高速度呢……

游泳没有捷径，只有不懈的练习才能提高速度，朴泰恒选手也是经过了勤勉刻苦的练习才取得的金牌呢。

我倒是有一个提高游泳速度的秘密武器……

不！我讨厌机械衣服！

噢，不，不！绝对不是机械衣服，不过…就是……还是一种…一种很特别的方法……

特别的方法？

准备好了吗？

思考食品

糖浆制作工厂

准备好了！一切就绪！

嘶

准备，出发！

哗

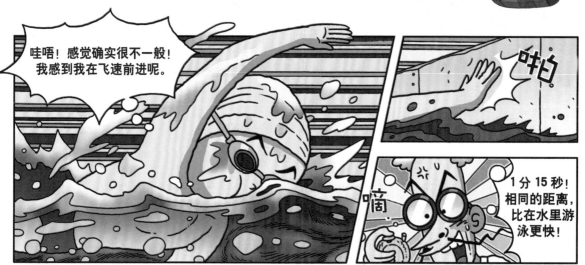

哇唔！感觉确实很不一般！我感到我在飞速前进呢。

咔白

嘀

1分15秒！相同的距离，比在水里游泳更快！

成功打破了游泳比赛记录！这证明了在糖浆中游泳比在水中所受的摩擦力更小。

哈哈！

轻舔 轻舔

轻舔

轻舔

加油，加油！

朴泰恒哥哥，你等着吧！我来也！

真是什么样的人都有，竟然在糖浆里边游泳……

废弃糖浆（无害）

为了能在这里边游泳，他求了工厂老板一个月的时间呢。

如果用黏糊糊的液体来代替奥运会游泳池内的水会怎么样呢？

"朴泰恒选手在 400 米游泳比赛中获得金牌！"

2008 年 8 月 10 日，大韩民国"海上男孩"朴泰恒选手摘取了奥运会男子 400 米自由泳的首块金牌。3 分 41 秒 86，这个成绩不仅打破了他个人的最高纪录，而且也刷新了韩国和亚洲的最高纪录。

在这里不妨来想象一些有趣的事情吧。如果用黏糊糊的糖浆代替游泳池内的水，那么选手们的成绩又会如何呢？与在水中游泳时有什么差别吗？

实际上美国明尼苏达大学的爱德华·卡斯勒和布莱恩·盖蒂尔芬格一直在研究这一课题：人在水中游泳和在糖浆中游泳有什么不同。为了进行这项研究，他们想把玉米糖浆注入一个长约 23 米的游泳池中进行实验。

哇噢～，在糖浆中游泳也这么快！

但是明尼阿波利斯市要求他们支付 2 万美元的下水道清理费用，为了节省这笔不菲的费用，他们只好在水中加入 310 千克的瓜尔豆胶粉代替玉米糖浆，制造具有黏糊糊效果的游泳池。

那么结果究竟如何呢？令人惊讶的是，在糖浆中游泳与在水中游泳并无太大差异，只是比在水中的速度要更快些。

浓厚的液体虽然加大了身体向前的阻力，但身体所受的摩擦反而比水中小，而且双手打击和蹬腿的力度也会增大。

进行这项实验的卡斯勒发言称："用瓜尔豆胶粉制作的游泳池就像鼻涕一样，虽然实验很有趣但是没有研究价值。"不过这项实验却获得了 2005 年搞笑诺贝尔化学奖，这说明它还是有一定价值的，它激发了人们的好奇心和想象力，而这些因素恰巧是推动科学发展非常重要的动力。

探索科学的奥秘

浮力和重力的关系

进入水中游泳时，受到浮力的影响，人的身体会有变轻的感觉。事实上由于浮力的作用，浸泡在水中时人的体重只是在空气中的六分之一或七分之一。

浮力是水中的物体上下表面受到的水压差所产生的垂直向上的托力。在水中的物体两边的水压虽然一样，但是如果物体受到的浮力大于或等于其所受的重力，物体就会漂浮在水面上或悬浮在水中。

如果物体的重力大于其所受的浮力，那么物体就会下沉；反之，如果物体的重力和其所受的浮力相同，物体就会上浮。我们可以通过"制作升起的太阳"这一实验来观察浮力和重力的关系。

制作升起的太阳

准备材料：
透明的玻璃杯，红油（在食用油中掺入红色染料），酒精，水，汤匙，水壶

实验方法：

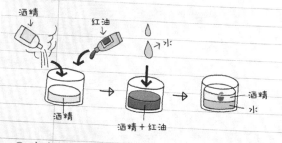

① 在玻璃杯中倒入半杯酒精，倒入一勺掺有红色染料的食用油；
② 慢慢倒入水，使其和酒精融合；
③ 当红油形成圆形时，暂停倒水；
④ 再次倒入水，直至圆形的红油像太阳一样浮升至中间位置。

在水杯中倒入水后，散落于酒精底部的红油会变成圆形并且聚成一团慢慢向上浮升。这是什么原因呢？原来由于油的重力大于酒精，所以会下沉到酒精底部，如果想要红油上浮，就应该增加其周围密度，而水恰恰就起到了这样的作用，因为水的密度大于红油，且易溶于酒精。

接下来如果将水倒入酒精中，随着油周围的密度增大，油也会自然浮升。上浮的红油停在中间是由于向上的浮力和向下的重力达成平衡的缘故。

— 1000 ml

— 900 ml

— 800 ml

— 700 ml

— 600 ml

— 500 ml

— 400 ml

— 300 ml

— 200 ml

— 100 ml

我们可以和动物对话

啊？我们可以和动物对话？

你知道吗？有一种机器可以将动物的思想转化成语言。

哇！那么现在我们就可以和动物对话了？

汪汪～现在我们可以听懂动物的语言啦！

现在不必再为只能用眼神和动物交流而烦恼！有一种方法可以让你听懂喜欢的狗狗或猫咪的语言……怎么样？听起来很不错吧！

好，已经完成了发明，来试验一下吧？

沙沙

嘶

嗖

啊呜～汪汪！

哦！只是狗叫的声音而已嘛。

什么？是民防训练吗？

实验成功了！成功了！哈哈哈！

博士好！

哦！都美莱和李蕴秀，是你们俩呀，你们来得正好！

是不是今天又有什么好玩的发明呢？

哈哈哈！什么事情都难不倒我！我又一次做到了，我成功了，哈哈！

这就是我的新发明——可以和动物进行对话的语言翻译机！

语言翻译机？

其实我小时候就梦想着和动物进行自由对话。和蚂蚁对话，与海星讨论问题……

这些场景！即使是只在想象里也会觉得很有趣呢！

我发明的语言翻译机有两种……我找找。

翻来翻去

有两种发明?

这个就是语言翻译机的其中一种!

闪亮登场

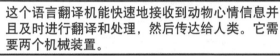

这个语言翻译机能快速地接收到动物心情信息并且及时进行翻译和处理,然后传达给人类。它需要两个机械装置。

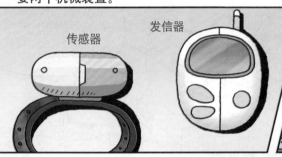

传感器

发信器

正好小区里有现成的狗狗,所以就直接做了一下试验。

把传感器挂在狗的脖子上

?

狗叫的声波传到挂在脖子上的传感器里,

汪!

然后以无线电波的形式再传送到发信器。

发信器就会在瞬间对声音做出精确分析,并用人类的语言表达出来!

哇!

哈哈!这个是送给我的礼物吗?谢谢!

传感器表达的情绪共有6种：

悲伤　生气　惊恐

期待　高兴　自豪

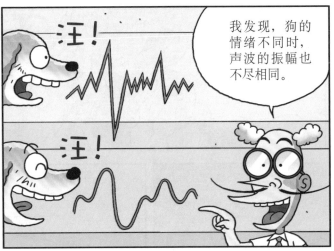

汪！

我发现，狗的情绪不同时，声波的振幅也不尽相同。

汪！

后来我就精心收集了50多种类型狗狗的3000多种声音，确切地说，应该是狗狗的叫声。

啊？3000多种？

博士，黄金猎犬也是您研究类型中的一类吧！它正是我喜欢的类型呢！

哇呜！发信器上出现了"我爱你"的字眼！

等等，狗狗又没有叫怎么会出现字呢？

那是因为这个装置不仅能分析狗的声音，还能分析它的表情、姿势和行动。

哇唔！真是太厉害了！

我们不能因为动物不能说话而轻视它们！

啊呜 啊呜～ 啊呜～好委屈 ……

鱼类可以发出 10～15 种信号

鸟类可以发出 15～25 种信号

哺乳动物则可以发出 20～40 种信号与人类交流。

难以置信吧？

1972 年，美国某大学一只叫"可可"的猩猩学习了数百种信号，可以成功地与人类进行交流。

博士，关于猩猩群体对人类股市经济造成的影响，您是怎么认为的呢？

可可，你提问题的水平可是越来越高了哦！

雄性雷鸟为了寻找配偶而拍打空心树发出的声音。

咚！ 咚！

好寂寞……好无聊……

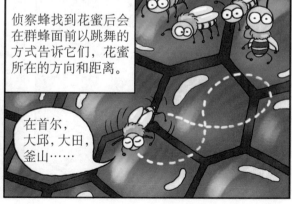

侦察蜂找到花蜜后会在群蜂面前以跳舞的方式告诉它们，花蜜所在的方向和距离。

在首尔，大邱，大田，釜山……

圆尾猴拿起尾巴对位于胳膊上的特殊分泌器官摩擦。

……

喳喳

发出独特的气味给入侵者以警告。

快从我们的领地滚出去！

呕！

那么，另一种语言翻译机是什么呢？

既然能把动物的语言转换成人类的语言……

那么这次就是……

翻来

翻去

这次就是将人类语言转换成动物语言的翻译机！

啊，那么刚才这些狗狗们全都跑到实验室门前也是因为您使用了这种语言翻译机？

我发出信号，让无聊的朋友全都来这里集合，没想到居然来了这么多。

那么，这个机器应该怎么使用呢？

首先像我这样把它系在脖子上，

然后就可以面向他们说出自己想说的话。

汪汪汪！

汪汪！

您说了什么让它们看起来这么高兴呢？

我说今天我要请它们吃炸鸡！

博士，我也想试试呢！

哇！

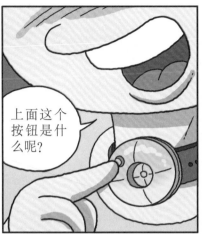

狗语翻译机 "Bow-Lingual"

"汪汪！ 呜呜！"

"唉，你究竟为什么不吃饭呢？"

由于不能进行流畅地对话和沟通，所以无论狗狗和人类再怎么亲近，也会有很多时候令人郁闷。例如为什么不吃饭，哪里不舒服……有没有什么方法能让人类和狗狗顺畅对话和交流呢？

2001 年 9 月，日本玩具制造商 Takara 推出了一款狗语翻译机 "Bow-Lingual"，世人皆为之震惊。

> 我叫阿罗，我戴的项链里边隐藏有传感器哦。

Bow-Lingual 是一种开创性装置，它可以分析狗狗发出的叫声并将其翻译成人类能够识别的语言。狗狗发出的声音通过项链形状的传感器输入电脑中，然后电脑根据输入的信息进行分析，分析结果会通过液晶画面以文字和图片的形式显示出来。

分析狗叫的声音装置使用了日本音响研究所通过动物感情系统分析得出的研究结论。狗的心理分为悲伤、生气、惊恐、期待、高兴和自豪 6 种，而这 6 种又可以翻译为 200 种左右的语言加以表达。

> 不是肚子饿了吗？说话啊～

在促进人与动物的和平共处方面，Bow-Lingual 得到了人们的一致认可，其发明者于 2002 年获得搞笑诺贝尔和平奖。

韩国在 Bow-Lingual 的基础上更进一步，他们把电脑连接到狗的大脑试图进行声音对话的研究。

2008 年 12 月，翰林大学理学专业以申亨哲教授为中心的研究小组将 BMI（大脑－机器联接）装置移植到一只叫"阿罗"的达克斯猎狗的大脑中，成功地让狗狗对一些简单的问题用声音或者语言表达了出来。

比如，问"名字是什么"，阿罗便会对"名字"这一词语做出反应，发出相应的信号。这一信号会通过 BMI（大脑－机器联接）装置传至电脑中，然后显示器会出现对应的"名字"，即"我的名字是阿罗"之类的文字。

之前人们一直通过动物的行动而非语言来猜测它们的心理。不过由于这种语言翻译机的发明，也许将来我们能够与动物进行畅所欲言地交流也说不定呢。

探索科学的奥秘

鹦鹉是怎么模仿人类说话的？

说到能与人类对话的动物，便不能不提到鹦鹉。鹦鹉能正确地模仿人类的语言，甚至还能和人进行简单的对话，这在其他动物身上是不曾见到的。这是怎么回事呢？

原来，鹦鹉的"鸣管"与人类发声器官的声带极为相似，再加上鹦鹉不仅具有发达的长舌，而且还具有突出地调节声音的能力，最重要的是还有其他鸟类所不具备的掌管发音调节和声音练习的脑部功能……种种得天独厚的特征使得鹦鹉不仅能够正确地听懂人类的话语，并且只要多加练习，还会发出和人类相似的声音。

实际上，被誉为如人类般聪明的天才鸟——非洲产灰色鹦鹉"艾利斯"，不仅能模仿人的声音，还能理解 150 多个英语单词的意思，甚至能轻而易举地辨别出颜色、模样和数量等概念。

艾利斯于 2007 年 9 月 7 日自然死亡，终年 31 岁。据训练艾利斯 30 年的美国布兰戴斯大学艾琳·派佩伯格教授所言，艾利斯在临死前一天睡前还说了"明天见，我爱你"之类的话语。

为动物研发"智能洗澡机"

在英国，一位名叫霍莉·戴可拉的女性将猫放入洗衣机中为猫咪洗澡，结果直接导致了这只猫的死亡。负责该事件的乔纳森·易尔斯检察官以虐待动物罪起诉了霍莉·戴可拉，英国英格兰诺里奇法院依法判处她在教导所生活6周。

在电影或动漫中我们偶尔会看到动物因无意间掉进洗衣机而面临险境的画面。对动物来说，盛满水并且转个不停的洗衣机是个危险的狂暴机器，然而令人惊异的是，世上竟然出现了可以让猫狗等动物沐浴的洗澡机！

法国的怪杰发明家罗蒙斯·杰里一直在思考，有没有更简单便捷的方法为宠物洗澡？有一天，在看到自动洗车机器运转的瞬间，他的脑海突然浮现出了一个好主意。

"对了！狗和猫也可以像汽车一样用机器洗啊！"

罗蒙斯·杰里发明的机器名为"智能洗狗机（Dog-o-Matic）"，是专门为狗狗和猫咪而研发的洗澡机。发明这个洗澡机后，杰里在他的家乡开设了一个宠物狗澡堂。就像洗衣店一样，该店安装了智能洗狗机，以便人们带着宠物狗来这里洗澡。慕名带狗狗前来的人真是络绎不绝。事实证明，研究是非常成功的！

那么洗澡费是怎么收取的呢？人类所用澡堂按成人和儿童两种费用标准来收取，但是在宠物狗澡堂，其费用是根据宠物身型体积的大小而设定的。

体型较小的话大约需要 2.6 万韩元，中型大约需要 4.4 万韩元，体型较大的话则需要 6.2 万韩元。这台机器不仅可以给狗狗使用，也可以给小猫使用，只是由于猫特别讨厌接触水，所以主人需要将猫哄入洗澡机中。

动物使用洗澡机的时间大概是 30 分钟。洗澡只需 5 分钟，但如果想要维持动物皮毛的柔软，干燥过程就显得非常重要了，所以干燥时间一般会设定在 20 分钟以上。

杰里经常听到"把宠物犬放入洗澡机中会不会出事"之类的担心。他表示"除了干燥过程需要较长时间，其他没有问题。狗狗们一般也不会对此感到厌烦，而且还很享受这个过程"。

掌中科学

猫讨厌水

美国国立癌症研究所长期以来一直致力于猫基因的研究。他们搜集了 979 只欧亚两洲的家猫和野猫作为研究标本，进行 DNA（脱氧核糖核酸）分析。结果发现，家猫的基因同 1 万年前栖息在伊拉克、叙利亚、黎巴嫩和以色列的野猫类似。而且研究表明，由于家猫的祖先生活在沙漠地带，所以它们对水会产生本能的畏惧心理。事实上体重 3 千克的猫一天只喝 200 毫升左右的牛奶就可以维持生命。另外，即使不给猫咪洗澡，它们也会使用前爪将唾液抹到脸部，然后用"猫洗脸"的按摩形式维持清洁。猫的唾液中含有分解脂肪的酶，能够去除身体的油脂，而且舌头的突起可以帮助它找出异物。反之，如果太过频繁的洗澡，反而会使猫的身体变得更加干燥，而且猫咪之间进行对话交流所必需的信息素浓度也会降低。

1000 ml

900 ml

800 ml

700 ml

600 ml

500 ml

400 ml

300 ml

200 ml

100 ml

起鸡皮疙瘩的秘密

只要一看恐怖电影，我就会"嗖"地起一身鸡皮疙瘩！
每当我听到黑板"刺啦"的声音就会感到不舒服甚至害怕……
不过奇怪的是，在起鸡皮疙瘩后怎么还会感到寒冷呢？

啊？怎么起了一身的鸡皮疙瘩～
起鸡皮疙瘩的秘密！

我有个好主意：去博士的研究室会不会凉快点？

一起去看看吧。

博士，我们来了～

嗯？怎么这样？！

呼呼～呼呼～

嗡～

不是吧，这里怎么比外边还热啊！

咦？什么声音？吓死我了！

啊，原来是蕴秀和美莱啊。快，快进来。

天才博士的实验室竟然连一台空调都没有！不如……干脆自己做一台吧！

上次为了研制机器屎壳郎，把钱全都花完了。

才做了50只左右……

嗯！有了！即使没有风扇和空调，有个方法也可以让人感觉后背冷飕飕的！

噢？什么办法？

讲讲可以驱走非凡热气的恐怖故事！呜呜呜呜！想想就可以觉得背部发凉，不是吗？

啊？难道您就是要给我们说这个吗？

在一所中学，有一位教美术的女老师。

两天后学校就要举行美术作品大展，今天即使熬夜大家也要准备好展会工作。

什么？我不敢，老师！只要一过晚上 12 点，美术部就会出现鬼魂！我害怕！

嗨！臭小子……因为讨厌晚上工作，竟然编造故事吓唬大家！

真的，老师，不骗您，千真万确！

好，那么今天我会一直在美术部待到晚上12点，如果证明了是你们在说谎的话，那么明天晚上你们就得干活！

……

您确定要这么做吗？

那天晚上，挂钟上的指针已经指向了12点，却没有任何诡异的事情发生。

切，当然会这样喽！

呃！真无聊，听听音乐吧。

嘟

老师打开收音机，里面播放的正好是舞曲，于是她就对着镜子跳了起来，跳了好长时间。

然后，感到疲倦的老师在美术部隔间的床上睡着了。

唉，好困啊……

第二天

真是一派胡言，什么鬼啊，哪里有鬼？！

怎么可能……那么昨晚您都做什么了？

一边听收音机的音乐，一边对着镜子跳舞喽！因为我跳得真的很好看呢！吼吼！

你们知道学生接下来说什么了吗？

不……不知道。

老师，我们美术部根本没有镜子呢。

呃呃呃呃

呀呵！

这时黑板那边传来了这样的声音。

咯吱

啊！

呃啊啊……我起了一身的鸡皮疙瘩！

好像变成了一只大烤鸡！

哈哈，我的方法怎么样？不热了吧？

感觉就像到了阴冷的南极。

不过博士，为什么只要听到那样的声音就会起鸡皮疙瘩呢？

咯吱

1980 年之前，人们一直认为这是由于声波的频率过高引起的。

但是在1986年，通过实验发现，这种不快感与人类进化有关。

啊！可恶的野兽！

啊啊

喀吱

这种声音跟原始社会威胁人类的声音相似。被食肉动物追赶时受到危险威胁的人类，把初期的本能反应遗传到了现在。

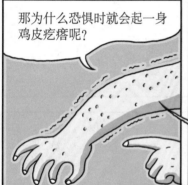

那为什么恐惧时就会起一身鸡皮疙瘩呢？

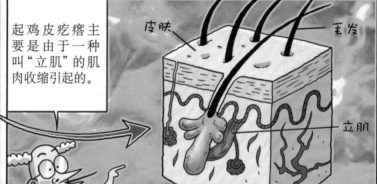

起鸡皮疙瘩主要是由于一种叫"立肌"的肌肉收缩引起的。

皮肤
毛发
立肌

当我们的身体感到寒冷时，毛孔就会阻止身体的热气散发到外面。

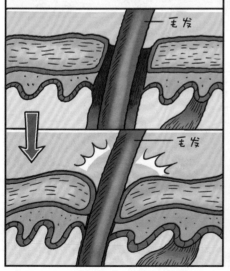

毛发

毛发

起鸡皮疙瘩后身体会瑟瑟发抖，对吧？

瑟瑟瑟

发抖时肌肉会随着运动，从而使身体产生一定的热量。

我们的身体结构中有两个部位能够感知温度!

下丘脑

皮肤

我们来实地观察一下恐怖感觉的全过程吧!

如果观看恐怖电影,首先会刺激到视觉和听觉,

呜呜呜

这种刺激一方面会传达到大脑,

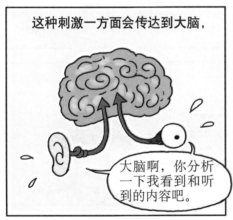

大脑啊,你分析一下我看到和听到的内容吧。

大脑中的边缘系统负责感知情绪,如果受到惊吓,那个地方就会产生恐怖或者可怕的感觉。

好害怕哦!

边缘系统

丘脑

海马体

边缘系统接收到害怕的信号,便会将刺激传达给下丘脑,

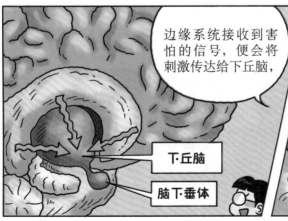

下丘脑

脑下垂体

下丘脑会把刺激再传达给脑下垂体,然后脑下垂体会分泌出一种叫"皮质醇"的激素。

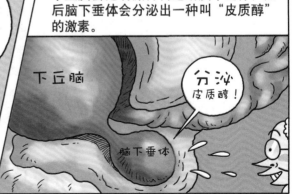

下丘脑

分泌皮质醇!

脑下垂体

另一方面，自律神经系统会受到刺激，从而让全身对恐怖做出反应。

冒冷汗

皮肤血管收缩

心脏跳动加速

想要小便

全身发抖

全身汗毛竖起

在生理上看，这一过程与感到寒冷时有着相同的表现。

怎么样？听了我的故事，即使没有风扇和空调也不感到热了吧？

呃？哈哈哈

博士！还是不要做出那样的表情吧，很吓人呢！

嗯！现在好像得回家了。

噗

通

砰

……

嘘

啊？拖把？！ 噗

那，那么刚才难道我们一直在和拖把……说话？

毛发竖起

啊啊啊啊！

呃？孩子们！网上有消息说，最近有人曾看到附在拖把上的鬼。你们也听说过吗？

你们来的时候还买冰淇淋了……

啊啊啊啊！以后还是不要再来实验室了！

刮黑板的声音令人不快的原因

咯吱，咯吱！

现在停止吧！

美国伊利诺伊州西北大学的一间实验室内传出了令人奇怪的喊叫声。难道是有人被外星人拷问而发出的声音吗？

经过询问得知，原来实验室里正在进行关于"刮黑板的声音给人们带来不快的原因"的实验。直到 20 世纪 80 年代中期，人们一直认为，因为刮黑板的声音频率过高，所以人们才会讨厌这种声音，不过 1986 年林恩·哈尔彭和伦道夫·布莱克等科学家否定了这种观点。

他们将刮黑板的声音和揉搓塑料的声音进行了修饰，删除或减弱了不同的频率范围。第一次是去掉了低频率的声音，结果听众的不快感有所降低；第二次是去除高频率的声音，人们的不快感却并没有变化，而且音量的大小对人的情绪也无太大影响。

实验结果表明，噪音中包含的高频率声波和音量的大小并不会影响人们的不快感。那么人们讨厌刮黑板声音的真正原因是什么呢？

根据该小组的研究，手指刮黑板的声音与猴子遇到危险或遇见比自己强大的敌人时发出的尖叫声相似。灵长类的人出于本能也会对这个声音敏感地做出反应，感到不快。

该研究小组虽然没有得出明确的结论，但是这种忍受令人痛苦的声音和认真实验的精神，使他们获得了 2006 年搞笑诺贝尔音响学奖。

探索科学的奥秘

线与纽扣的"二重奏"

我们就用线和纽扣做一个简单的实验吧。

在玩具稀少的年代，声音陀螺是生活中比较好玩的玩具。

旋转纽扣时线会缠在一起，而缠在一起的线解开时会产生更大的回转力，利用这一原理制作的玩具被称为"纽扣声音陀螺"。纽扣快速转动时会震动周围的空气发出"咻咻"的声音。

用硬纸板代替纽扣，将硬纸板画一个圆形并剪下后，中间穿两个小孔，用上述同样的方法旋转也可以发出声音。然后比较一下，当小孔的大小和线的长度不同时，声音的大小和强度有什么变化。

制作声音陀螺

准备材料：
粗线，纽扣

实验方法：

① 准备一个穿孔的大扁平纽扣；
② 准备大约有肩宽长度的粗线；
③ 用线穿过纽扣的两个孔；
④ 将穿过纽扣的线头打结；
⑤ 两手拉住线的两边，纽扣安放在绳子的中间位置；
⑥ 向两边反复收拉；
⑦ 纽扣就会像陀螺一样旋转并且发出声音。

世界上千奇百怪的科学

咯吱～！讨厌的技术噪音

地铁在转角处发出的咯吱声，就像用指甲刮黑板发出的声音一样让人不快。怎么会发出这种声音呢？

原来地铁两边的车轮是由一个车轴连接而成的。地铁在拐弯时，内侧车轮需要放慢速度，而外侧车轮则要快速转动才能防止车轮离开轨道。也就是说外侧车轮在转角时会滑向内侧，车轮急速滑行时就会产生摩擦，于是便产生了噪音，这种声音被称之为"技术噪音"。

那么怎样才能有效降低这一噪音呢？研究发现，最简单的方法是在轨道下面铺上小石子。如果车轮接触到的是平坦的混凝土，那么声音就会直接散发出来，但是，如果铺上小石子，那么车轮经过引发的石子震动会吸收其中的部分声音，从而有效降低噪音。

1000 ml

900 ml

800 ml

700 ml

600 ml

500 ml

400 ml

300 ml

200 ml

100 ml

南极的节能高手
——企鹅正在消失！

企鹅实际上不是短腿？

企鹅是节能高手？

但是可爱的企鹅正在逐渐消失……

 # 南极企鹅的生存面临着巨大挑战

抛掉企鹅身材臃肿而且走路一摇一摆的偏见吧！跟我一起见识一下南极最厉害的节能高手——企鹅吧。

都准备好了吗？

是～准备好了，一切准备妥当……

我们一定要穿这样的衣服吗？

怎么啦？我觉得很好玩呢！

俗话说："不入虎穴，焉得虎子……"

也就是说如果想要研究企鹅，自己就得先化身成为企鹅去体验它们的生活！

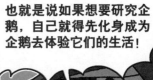

再怎么说这样也有点大……

蕴秀啊，想想摆脱了我们国家三伏热天的困扰不也是很幸运的事情吗？

可是穿上了企鹅服，这里差不多也和三伏天一样热了……

哎呀 冰

哎呀

不过博士，为什么我们要到南极来研究企鹅呢？

因为企鹅是非常具有能量节约精神的动物！

呃？能量节约精神？企鹅？

由于油价暴涨等物价上升因素而让人喘不过气来的今天，当然要学习企鹅的能量节约精神喽！

什么时候经济才会变景气呢……

看，那边正好有一群企鹅！

啾啾！ 啾啾！ 啾啾！

真的，太好了！跟我来！

啊，一起走啊！

啾啾！
（你们好！）

呃……周围全是企鹅？！

啾啾！

啾啾！

啾啾！

它们是什么企鹅?
体型怎么这么大?

地球上的企鹅大约有16～19种，这些是其中体型最大的帝企鹅。

啾啾。

这么多企鹅成群结队不知要到哪儿去呢?

应该是为企鹅宝宝寻找食物吧。跟上去观察吧。

一窝蜂

一摇一摆
一摇一摆

爸爸！沙丁鱼和刀鱼就拜托你啦

不对呀……企鹅的短腿一摇一摆的，不要说节约能量，反而会过度消耗身体里的能量吧?

这你就不知道了吧！

企鹅的腿并不短，只是它们的腿大部分都隐藏在里边，所以看起来有点短。其实它们的腿比我们想象的长多了。

脊椎

翅膀

腿

脚

尾巴

这样也不用担心企鹅被冻伤。

哇，脚都快被冻上了

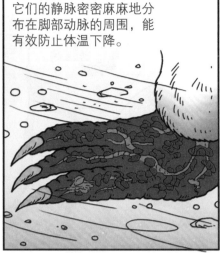

它们的静脉密密麻麻地分布在脚部动脉的周围，能有效防止体温下降。

而且企鹅皮肤下面有一层特别厚的脂肪层。

1.2 米高的个子，35 ~ 40 千克的体重，用人类的标准来衡量是过度肥胖了。

听别人说过我像猪，但第一次被别人说我像企鹅。

你是吃胖的，不过我是因为抵御寒冷才这样的!

但也正是因为这样，企鹅才能战胜南极的严寒。

一摇一摆

企鹅一摇一摆走路并不过度消耗能量，反而可以节约 80% 的能量。

一摇一摆

哈

企鹅的腿和翅膀比身子短，所以能保持平衡。

啪

像不倒翁一样!

嘿嘿

119

企鹅是靠左右重心的移动来走路。为了寻找食物，它们能坚持走100千米以上。

重心

重心

吼吼吼！

能走100千米以上？

人类之所以不用像企鹅那样一摇一摆地走路，是因为人类有长长的胳膊和腿。

咻～

咻～

你很了不起

腿向前伸时，另一方的胳膊也会向前伸，所以即使摇摆幅度不大也可以向前走路。

完美的重心！

啪

如果把胳膊和腿绑起来，那就跟企鹅走路没有差别了吧？

摇摆

摇摆

天啊！这是什么？

再加上人类的肩部和骨盆可以前后回转，所以走起路来会方便很多。

转啊转……

咯吱！

咯吱！

在一定程度上，身体转动可以引起重心的变化。

重心

哦呦！

一摇一摆

一摇一摆

企鹅会选择在冬天产卵，

用自己的身体抱着企鹅蛋，防止它被冻僵。也就是说和企鹅蛋共享体温。

爸爸，好暖和哦！

企鹅的身体构造，走路以及共享体温的方式，都可以让他们最大程度地节约能量。

还有什么动物能像企鹅这样有意识、高效率地节约能量呢！

啊？到底还要走多久呢？感觉好累啊！

距离有食物的地方还有 30 千米。

什么？
还要走30
千米？

呵呵，不用担心。我们不是企鹅嘛。所以我早就想好了，特意安装了一些便利的移动装置。

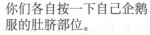

你们各自按一下自己企鹅服的肚脐部位。

肚脐部位？

会是什么呢？

嘀

嘀！

啊！

叮！

叮！

很棒的企鹅弹跳呢！

啊！

叮！

叮！

怎么样？现在感觉好多了吧？

才不是，还不如直接走路呢。

呃，好晕！

呼

呼

砰

啧啧，这么想飞……身为同类，对此深表理解。

不行了，我已经晕头转向了，不能再走了。

呃！这次的发明失败了。唉！

咦？是冰洞呢！

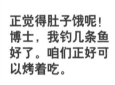

正觉得肚子饿呢！博士，我钓几条鱼好了。咱们正好可以烤着吃。

千万不要！危险！

嗷嗷～

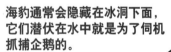

哗哗哗

海豹通常会隐藏在冰洞下面，它们潜伏在水中就是为了伺机抓捕企鹅的。

由于全球变暖的影响，企鹅的生存环境面临着巨大的挑战，它们的数量正在急剧减少。

咕噜！

哦！

咕噜！

对我们来说，企鹅是唤醒我们节约精神的珍稀动物……

碗里的米饭一粒也不剩，

关掉不需要的电灯，

啪嗒！

洗脸时适量用水！

哗啦哗啦……

从南极探险回来后我们家美莱就一直践行着节约精神，只是……

这么热的天也不换掉那身企鹅服吗？

不行！如果那样的话，我担心自己会忘记企鹅精神！

因为全球变暖而即将失去家园的企鹅家族

世界自然保护联盟（IUCN）的一个负责人发出警告，全球 16 ～ 19 种企鹅中大约有 12 种企鹅面临生存危机。

"有 3 种濒临灭种等级，7 种在自然生态中处于高可能性灭种等级，2 种是即将受到灭种威胁的等级。"

在《冰河世纪》、《马达加斯加》和《企鹅家族》等动漫和自然纪录片中频繁出现的可爱企鹅，也许会从地球上永远消失……

阿根廷最南端的小岛———旁塔汤布岛（PuntaTombo）是全世界数量最多的企鹅家族聚集地，然而在那里产卵的企鹅夫妇，由 1960 年的 40 万对急剧减少到 2006 年 10 月的 20 万对，其数量减少了整整一半。非洲企鹅中产卵的企鹅夫妇，也在 100 年间从 150 万对急剧减少到 6 万 3 千对。企鹅执行一夫一妻制，所以从产卵企鹅夫妇数量的减少可以明显看出它们正在面临灭绝的危机。

环境变化使得它们很难找到食物，南极半岛西部地区的阿德利企鹅就是一个很好的例子。英国南极调查团的企鹅博士———皮尔·特洛丹对于企鹅数量减少的原因作了如下说明：

我的家人
我守护！

全球变暖使得海水温度升高，这样就导致了企鹅的主食磷虾减少，甚至出现了饿死的企鹅。无可奈何之下，很多企鹅不得不丢下自己的孩子到很远的地方去寻找食物。然而被企鹅当做巢穴的冰块融化后，为寻找食物而疲惫不堪的企鹅就会因找不到栖息地而死亡，这种现象正在逐渐增多。占南极企鹅数量三分之二的阿德利企鹅最近的数量仅占 25 年前的 65%。

1988 年 2 月，韩国在乔治王岛设立的世宗科学考察基地，附近也有企鹅群的栖息地。在世宗科学基地向东南方向约 2 千米的地方便是"企鹅村"，2009 年 4 月，在第三十二次南极条约 * 协商国会议中明确了韩国对该地的管理权。

企鹅村生活着巴布亚企鹅、帽带企鹅、褐色贼鸥等 14 种类型，而且该地是苔藓等极地植物的乐园，是世界许多国家羡慕的地方。为了极地动植物、海洋微生物和南极的生态环境保护与资源开发，基地正在对南极企鹅村施行特别管理。世宗科学基地，南极的企鹅就拜托你们啦！

加拉帕戈斯群岛企鹅和厄尔尼诺现象

生活在海水温度较低的寒流中的生物，是企鹅用来维持生命的主要食物。但在热带地区也有企鹅的栖息地！南美洲东太平洋的加拉帕戈斯群岛虽然位于热带地区，但是珊瑚礁较少，而且有寒流经过，企鹅也可以在冷水中觅食，正好满足了企鹅的生存条件。不过，体型庞大的动物在高温地区很难生存，也许正是因为这样，生活在加拉帕戈斯群岛的企鹅身高只有 50 厘米左右，是所有企鹅中个子最矮的一种。

由于秘鲁方向吹来的信风在南美洲周围的海域活动，导致海水的流动，从而出现 200 米以下冷水上翻的涌流现象，所以即使是正逐渐变热的海水，温度也会因此而降低。

但是如果因为气候的原因致使信风变弱，涌流现象便会减少，而海水温度也会逐渐上升，这就是"厄尔尼诺"现象。厄尔尼诺现象是由于海洋环境的急剧变化引起的。海水温度上升，在冷水中生存的生物减少，从而导致以这种生物为生的动物也会减少。事实上，由于 20 世纪 90 年代出现的厄尔尼诺现象，加拉帕戈斯群岛的企鹅数量急剧减少，并于 2000 年被划分为高危性灭绝类动物。

* 南极条约：1959 年由美国、英国、苏联和日本等 12 个国家签订的。其内容为：①南极洲仅用于和平目的，特别禁止任何军事性措施；②在南极洲进行科学调查的自由和为此目的而实行的合作，均应继续，但应受本条约各条款的约束；③冻结一切对南极的领土要求；④禁止在南极地区进行核试验或处理放射性物质等。韩国于 1988 年 2 月在南极乔治王岛建立的世宗科学基地完工，成为在南极建立科学基地的第 18 个国家。

会唱歌的高速公路……♫

漆黑的夜晚，行驶在首尔外环路的 K 某经历了一次让他心惊肉跳的事情。他确信自己旁边没有别的车，只有自己的车在公路上行驶，但是却不知道从哪儿传来一阵歌声！

做梦了吗？他猛地掐了一下自己的大腿，感觉很疼，这分明是在现实中。但这歌声却好像发自道路中间……到底是谁在这么深的夜里还在路边唱歌呢？难道……是鬼？

K 某听到的旋律是我们大家熟悉的童谣——《飞机》。其实在首尔外环路唱歌的并不是鬼，所以大家不用担心。

2007 年 10 月，韩国道路公司在首尔外环路板桥方向 103.2 千米处设置了一个会"唱歌"的装置。只要时速超过 100 千米的车辆经过这里时，这个装置便会自动响起《飞机》的美妙旋律。

"会唱歌的高速公路"是为了提醒疲劳驾驶或者超速行驶的司机而发明的，因为这个路段频繁发生事故，其中由疲劳驾驶或超速驾驶引发的交通事故约占事故总量的 70%。

难道是道路底部安装话筒了吗？答案依然是"No"！

声音是一种由于物体的振动而产生并向周围传播的现象，所以一定时间内物体振动的次数不同，声音也就不同，即振动次数越多，音调越高；振动次数越少，音调越低。为了制造与声音相符的振动次数，需要合理地调节间隔并设置沟槽，这时只要沟槽中出现振动，就会发出相应的声音。

如果在基准音上分别提高 12%、12%、6%、12%、12%、12%、6% 的振动次数，那么就可以感受到"哆来咪发梭拉嘻哆"的音调。

会唱歌的高速公路路段的地面也设置有沟槽，汽车的轮胎经过沟槽时会发生振动，而每到间隔部分时，振动次数便会不同，使得车子在向前行驶时就像是在公路上演奏一首美妙的旋律一样。

虽然让 K 某惊惧的时间很短，但是当听到高速公路的"演奏"后，他的困意"唰"地一下消失得无影无踪，这真是令人刺激的高速公路啊！

长笛出现低音，短笛出现高音！

掌中科学

兴奋的吸管笛子

我们可以通过一个简单的实验来了解振动次数和音调高低之间的关系。将我们常用的吸管剪成若干个不同长度的小段，按压各吸管的底部，制成吸管笛子。然后一边吹笛子，一边感受声音的高低。

短小的笛子会出现高音，而长笛会出现低音。这是因为短笛中声波振动次数较多，所以出现高音；而长笛中声波振动次数较少，所以就出现了低音。

1000 ml

900 ml

800 ml

700 ml

600 ml

500 ml

400 ml

300 ml

200 ml

100 ml

一个喜爱灰熊的男人的迫切愿望

那么害怕灰熊吗？

据说它的身高超过 2 米，体重达 700 千克？

所以我发明了即使在灰熊面前也能让人安然无恙的防护服啊！

特别使命！观察灰熊！

一个沉迷于观察灰熊的男子，为了能靠近灰熊拍照，于是就求助于易各讷贝尔博士，那么他的愿望最终实现了吗？

哇，好厉害！它在熟练地抓三文鱼呢！

在这个距离拍照太远了，还是再靠近些吧！

轻手轻脚

……

咔嚓
咔嚓

哇唔，太完美了！太漂亮了~太好了~

嗯？那是什么？

你为什么要侵犯我的地盘？难道想抢走我的三文鱼吗？看我怎么收拾你！！

啊！

博士~我们来了~

呃？博士不在，去哪了呢？

?

易名讷贝尔博士最最荒诞离奇的搞笑科学实验

The Hilarious Laboratory of Eccentric but Creative Dr. Ig Nobel

噗通

博士！

哈哈哈～我还活着！！我还活着！成功了！扶我一下。

您说的实验就是指这个吗？

哦，不，不，不，为了这项发明的更加完美！实验还没结束呢！

嘀！

这是为了这次的实验而准备的无人汽车。

啊！连无人汽车都准备好了！

嘀嘀！嘀嘀！

你们两个去那边好好看着。

嘀

嗡～

难，难道是？！

哈哈哈！我还活着，我还活着……

哆哆嗦嗦……

好厉……厉害，被车撞了也没事……

看到了吧？无论受到多大的打击，我都能坚持住！

好了，别多想了，你们用这两个木棒使劲打我！

啊？什么？

你们以前是不是说过想亲自参与我的实验？还说无论是什么实验都可以！喏，现在我给你们机会。

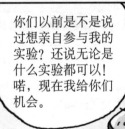

再怎么说这也有点……

力量不够，使劲打

啪！ 啪！

博士，实在对不住您了！

勇敢点，为了博士的实验！

啪！

啪！

哎哟！

来，孩子们，扶我起来！

挣扎

挣扎

哎哟

博士，您觉得怎么样？没事吧？

哎哟！哈哈！看到衣服的功效了吧？我给它起名叫"乌鲁斯 V"！

哎哟

将充满高压空气的气垫装到最新合成的特殊材料管中……

砰！砰！

制造出了完美的防护服。

哇！好厉害！

但是为什么要做防护服呢？

这是不久前的事情，我接到了一个来自加拿大的电话。

您好！

我听说您经常做一些荒诞离奇但很独特的发明，所以慕名给您打了电话。

不过，当然是用英语说的。

我前几天因为近距离观察灰熊而受到了它的攻击。

但是我真的是特别喜欢灰熊，还想继续接近灰熊，不过现在它们对我好像特别警惕。

唉哟！我的耳膜！

所以……所以请您发明一种防护服，让我能安全地待在灰熊身边吧！

嗖～

噢，天哪！快躺下

您不用太过担心防护服的制作费用，无论多少我都会负责。

哇！真的吗？

那么，您做这件衣服一共花了多少钱呢？

2亿韩元。

啊！2亿韩元！

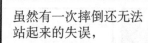

虽然有一次摔倒还无法站起来的失误，

呼～

啪

挣扎

挣扎

但是它绝对不会对灰熊造成任何危害，所以还是有价值的。

嗝嗝

砰

砰

嘿嘿

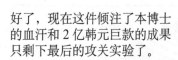

好了，现在这件倾注了本博士的血汗和2亿韩元巨款的成果只剩下最后的攻关实验了。

嗖

什么？还有实验？

那就是穿上这件衣服到加拿大直接和灰熊面对面！

！

加拿大落基山的某国立公园

哈哈！

呵呵，托博士的福，这次我们也能来这儿旅游……真是幸运！

与其说是托我的福，倒不如说是托制作费的福。呵呵……

嗯？博士！那是什么？

为了引诱灰熊接近我，我把三文鱼贴在身上了。

对了！小心点哦，熊群就在附近！

三文鱼！三文鱼！

如果将这些既养生又美味的三文鱼分给加拿大的灰熊，它们一定会很高兴的……

呼哧 呼哧

咦？是三文鱼！

天上还真掉馅饼啊！这么容易就可以吃到三文鱼？

呃……太紧张以致嗓子都干了？喝点碳酸饮料吧。

比起乌鲁斯V，这个好像更有效呢？

哧哧

哧哧

呜呜

……

嘀！

防护服的制作费用竟然花去2亿韩元……

博士……

唉！

啪！

啪！

唉，结果，效果还不如700韩元的饮料好……

唉！

2亿？700韩元？

唉！

2亿？700韩元？2亿……

一个月后

再次大功告成！

呱！

可乐气泡枪已经发明出来！马上去实验吧！好了，再次向加拿大出发！

啪！嘶嘶

啪！嘶嘶

那个费用是多少？

据说是20万韩元……

穿上安全防护服，与灰熊约会

如果你面前出现了身高超过 2 米、体重超过 700 千克的凶恶大灰熊，你会怎么办呢？估计会边跑边喊救命吧，但是有人就有足够的勇气面对灰熊。

家住加拿大安大略的特罗伊·赫图拜塞研制出了世界上最安全的防护服，并获得 1998 年搞笑诺贝尔奖项中的安全工程学奖。

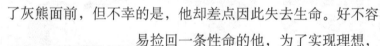

"无论何时何地，我希望都可以接近灰熊，尽情地观察它们，所以研制了灰熊防护服，因为我太喜欢灰熊了！"

赫图拜塞为研制灰熊防护服，花费了足足 7 年的时间，因其制作费用高达 20 万美元（约 2 亿韩元），所以这件防护服在 2003 年被评为"世界上最昂贵的衣服"，并且载入了世界吉尼斯纪录。

赫图拜塞 19 岁时第一次穿上了用冰球选手的保护装备制作的防护服，勇敢地站在了灰熊面前，但不幸的是，他却差点因此失去生命。好不容易捡回一条性命的他，为了实现理想，就花费了数年时间来改良防护服。

他用特殊合成材料发明了高压气垫，还改良了移动性的特殊关节，制造出了即使同吉普车相撞也可以完好无损的防护服。

赫图拜塞制造的这件防护服名为"乌鲁斯"，乌鲁斯在拉丁语中是"熊"的意思。

有没有什么动物可以和乌鲁斯对决呢？我们拭目以待……

探索科学的奥秘

鸡蛋可以像石头一样坚硬？

就像赫图拜塞研制出结实的防护服一样，我们也做一个将物体变硬的实验吧。用鸡蛋也可以钉钉子！

干冰是二氧化碳的固体存在形式，冰点大概是 $-78℃$，所以如果触摸的话，手瞬间就会被冻伤的。

干冰遇热的特点是不经过液体，直接升华为气体，干冰成为气体四散到周围，会吸取周围的能量，使周围温度降低，这时如果再放入酒精，就会使周围温度更低，因此物体就会变得更加坚硬。就像水结成冰一样，液体变成固体是由于构成物质的分子运动范围减小，速度减慢，分子间结构不容易改变的缘故。

我们开始实验吧？把鸡蛋放入干冰中，并撒入少许酒精，鸡蛋就会变得硬邦邦的，甚至可以用它钉钉子。不过，当周围温度升高，里边融化成液体后，鸡蛋还会恢复到原来的状态哦。

用鸡蛋钉钉子

准备材料：

干冰，鸡蛋，酒精，碗或者水桶，铁钉，树枝，棉手套

实验方法：

① 准备一个水桶或者底部较深的碗；

② 在水桶中放入干冰和鸡蛋；

③ 在干冰上稍微撒些酒精，10分钟后把鸡蛋拿出（为了保护双手，必须戴上棉手套）；

④ 用手试着捏鸡蛋，鸡蛋如果变硬的话，就把它扔在地上；

⑤ 如果鸡蛋仍然没有破碎，就试着用鸡蛋把钉子钉在木头上。

世界上千奇百怪的科学

关注服饰科学的军人们

事实上，最需要防护服的是军队，因为战斗时军人们需要隐蔽的防护服来保护自己。

有代表性的例子便是美国海军使用的多功能战斗服。这种衣服将电脑设计的"像素"花纹直接印在衣服上，可以提高伪装效果。据说他们正在研究能随着周围环境颜色的改变而改变的"变色龙"系列服饰。

其实韩国也正在进行这种研究，也许不久的将来我们就会看到这样一种情景：军人们戴着能及时提供信息的头盔，穿着利用纳米技术研制的自动清洁衣或自动隔离有害物质的防护功能伪装服，甚至是装有卫星通信装备和激光探测仪等设备的衣服。

拍照不眨眼的窍门

这次郊游的集体照中又有人闭眼了!

我们班的照片中也有 5 个人闭眼了……

有没有什么办法可以在大家都没眨眼的时候拍照?

怎么会没有! 想知道答案的话就去问问易各讷贝尔博士吧……

不是说了拍照的时候不能眨眼吗……

这次如果谁再眨眼我就教训谁！

嗯？所以，为了不眨眼，你们就这么拍照吗？

老师！那是我的相机！

这也太……集体照真是千奇百怪啊。

真是，不过几秒的时间嘛，不眨眼有这么难吗，怎么都眨眼呢？

咦？都美莱！你不也眨眼了吗？

当然眨眼了，但是你看到我的瞳孔了吗？看到了吗？不管我怎么眨眼，我的眼睛就是这样嘛！

是哦……嘻嘻。

眨眼
眨眼

博士，有没有什么办法可以在大家都没眨眼的时候拍照？

灵光一现

嗨！博士的表情怎么了？我们好像又点燃了博士的热情之火……

你们又一次给了我科学上的灵感！孩子们，我太爱你们啦！

来，我们先来了解一下眨眼的原因吧？

了解眨眼的原因？

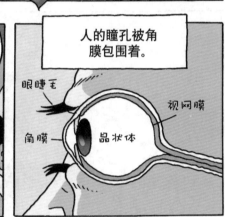

人的瞳孔被角膜包围着。

眼睫毛

视网膜

角膜

晶状体

为了维持角膜的湿度和氧气供应，每分钟需要眨眼 10 ~ 20 次。

氧气

眨眼

啊！好湿润。

眨眼

每次眨眼需要的时间大概是十分之一秒！

十分之一秒！

我来看看，嗯，照相的学生一共有 20 个。

避开 20 个学生各自眨眼时的十分之一秒，抓住大家都睁眼的状态，也就是……

这跟计算射箭时避开自由活动的 20 个妨碍物而命中靶心的概率差不多！

但是如果认真计算的话，一定会找出解决方案的。

全体人数和眨眼的次数……照相机快门的速度……

啊！

博士，时间不早了，我们得回家了。

所以……这样的话应该用这个公式来计算……

博士太投入了，我们还是不要打扰全神贯注的博士了，直接回去吧。

一周后

易各讷贝尔博士，我们来啦！

嗖

快进来，孩子们，拍照公式……拍照公式终于算出来了。

啊！博士的脸……好像一个大怪物！

一个闭眼的人都没有的拍照公式就是这个！

$$\frac{1}{(1-xt)^n}$$

哇！

n 是拍照的人数，x 是每个人每秒的眨眼次数，t 是按相机快门的速度……

$$\frac{1}{(1-xt)^n}$$

啊，博士，这个太难了！

我走了，头疼。

孩子们啊，这可是很伟大的发现哦。

$$\frac{1}{(1-xt)^n}$$

博士，即使再了不起的发现，难道人们拍照的时候还要进行这么复杂的运算吗？

……

哈哈哈！是啊！边计算边拍照的情景，真的是太可笑了啊！

努力了一星期，竟然没想到这一点！崩溃！

喉！

啊，我不是想让您失望才那么说的。

如果想简化公式的话……

呃！又开始计算了！

又过了一个月后

呱

博士！我们又来啦！

嗖

哦，快进来。

呃呃呃呃

啊！！鬼啊！

好好听着，孩子们，如果拍照的对象在20个以下，而且光线充足的话，将全体人数除以3，就是按快门的次数。

呃！好臭啊……

光线暗的话就将全体人数除以2，就是按快门的次数了！

哇！这次简单多了！

是啊！终于做到了！

哦。

啊！博士……

扑通！

现在身体看起来好多了，不过再怎么研究您也要注意身体啊。

谢谢大夫。

天啊！吓我一跳！

哈哈！不过最终成功了不是嘛！又有谁会有我这样的奇思妙想呢！

唉！怎么回事，又眨眼了……

你会因为拍照时眨眼而郁闷吗?

现在不用担心了!识别人类眨眼的数码相机诞生了!

啊!
什么!

如果眨眼了,就会无法按下快门。

哒 哒 哒

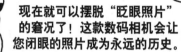

现在就可以摆脱"眨眼照片"的窘况了!这款数码相机会让您闭眼的照片成为永远的历史。

而且还有另一种!

带有"微笑拍照"功能的数码相机也即将上市!如果您没有微笑表情的话,相机就无法正常拍照。

来,笑一笑!

……

你们两个小鬼!快闪吧!博士受刺激了。

哦!

呜呜呜

我那么辛辛苦苦地进行研究！却不曾料到数码相机上市！呜呜~！！！

几天后某结婚仪式上

看这里，要拍全家福喽！

……

咦？快门按不下去，谁眨眼了。

咔咔咔

再来一次……哎哟，又按不下去了。不要总是眨眼嘛。

嗬！怎么一直按不下去~

啊！干脆取消这个功能直接照吧！

哦，好吧！

又不是非要得到相机的允许才能拍照……

啊哈！

博士，今天您看起来很高兴呢！

嗯！确实很高兴！爽快指数百分百哦！

忧郁症好像完全消失了呢。

现在研究什么呢？

我领悟到了一些很重要的东西，所以开始了一项新的研究。

无论何时何地，只需一次就可以拍到不闭眼照片的拍照公式！

卡嚓

啊，眨眼了。

不眨眼的拍照公式

"好，不要动。1,2,3！茄~子~！"

"啊，等一下~！"

2006 年 10 月 5 日，在哈佛大学桑德斯礼堂举行的第 16 次搞笑诺贝尔奖颁奖仪式上，有人突然跑进来阻碍人们集体拍照，他就是获得那年搞笑诺贝尔数学奖的澳大利亚联邦科学和研究组织（CSIRO）的宣传负责人——妮克·斯文森。

"我们现在是 15 个人，因为光线很好，所以连拍 5 次就可以。"

成功拍到了
没人眨眼
的照片！

在拍摄集体照时摄影师最少要拍几次照片，才能确保照片里没有一个人的眼睛是闭着的？

有人对一头雾水的摄影师作了如下解释：

如果集体照中的人数少于 20 人，且光线较好，那人数除以 3 就是所需拍摄的次数；但如果光线较差，曝光时间变长就会增加眨眼的几率，因此将人数除以 2 才是所需拍摄次数；但如果人数大于 50 人时最好放弃拍照———因为这种情况下必然有一人的眼睛是闭上的。

该人是与妮克·斯文森共同获奖的物理学家——巴内斯博士。

妮克·斯文森和巴内斯博士还表示，为了拍到所有人幸福表情的集体照片，他们正在研究所需拍照次数的公式。

拍到"气"的卡尔良照相机

在动画电影《功夫熊猫》中，主人公用绚烂的武术和强大的"气场"击退了强敌。气是生命具有的不可视的能量，不过由于在科学上无法解释，所以现在人们一直认为那是迷信，但事实上有一个科学领域是专门研究"气"的，那就是生物电子气学，这门学科与"气"密切相关。

有什么方法能够证明我们用肉眼看不到的"气"的存在吗？你还别说，还真有一款可以拍摄到"气"的影像的照相机，那就是卡尔良照相机。1939 年的一天，俄国的谢苗·克里安用高频电磁波作用于物体时，发现摄影底板上拍下了一些奇怪的照片，这件事情就成为卡尔良相机发明的契机。

卡尔良相机可以捕捉到我们肉眼观察不到的无形能量场，拍摄出一些奇妙的类似气流场的图片。例如，人们的健康状态和思想不同，照片所呈现出的效果也不尽相同。拍摄一个残缺的树叶时会拍到完整的树叶影像，这种现象被称为"精灵效果"，由于没有人能够对此现象作出合理的解释，所以至今它仍是科学上的一个未解之谜。

这种相机在生物学、仿生学、基因学、生理学等方面都有深远影响。据悉此相机价格为数十万到一百万人民币不等，国内暂时还没有地方出售，大中院校中也没有相关资料可供研究。

利用乌鸦成为百万富翁?

美国的一项统计数据表明,2006 年一年之间人们遗失的硬币超过 2 千亿美元。那么统计一下我们国家所有人遗失的硬币,加起来会有多少呢? 如果把这些硬币都收集起来,那不就是百万富翁了吗? 有一种研究可以帮助人们实现类似的心灵幻想。

美国纽约大学的研究生乔舒亚·克莱恩,为了收集路上丢失的硬币,想到利用乌鸦的天性(看到闪光的东西就本能地产生好奇心)而制作了一个箱子。这个箱子就像是一台自动售货机,如果乌鸦将硬币投入里边,箱子便会奖励它一粒花生。

但是他却没有办法告诉分散生活在城市中的各个乌鸦这个箱子的使用方法,所以乔舒亚·克莱恩进行了以下实验:

① 首先将花生和硬币混放在一个地方;

② 制作一个箱子,乌鸦把硬币挑出来扔进箱子里面,然后便会吃到花生;

③ 反复做这件事情,让乌鸦意识到把硬币扔进箱子里就会吃到花生。

如果没有硬币呢? 为了吃到花生,乌鸦会去别的地方叼来硬币。但是乌鸦真的可信吗? 如果乌鸦没有解决问题的意志或能力,我们不就徒劳无功了吗?

不过不用担心这一点，研究证明，乌鸦或喜鹊等鸦科鸟类擅长使用道具来解决问题。

英国牛津大学实验室的科学家们发现：为了吃到狭窄瓶子里边的食物，乌鸦贝蒂会用铁丝来挖食物；为了吃到树洞里的虫子，它会用树枝去树洞里边挑出虫子；为了去除核桃等坚果的硬壳，它会飞到高处将坚果抛下来，等坚果破碎之后轻而易举地去除其外壳。此外它们还会记住存放食物的时间和地点，并且能挑出坏掉的食物。"喜鹊叫，客人到"俗语的产生也是由于喜鹊能记住村子里所有熟悉的面孔，而当它们看到陌生的脸庞时就会发出叫声以示警戒。

这么说利用乌鸦成为百万富翁不是易如反掌吗？不过话说回来，乌鸦虽然是聪明的鸟类，但它们也有可能叼来一堆像硬币一样闪闪发光的玻璃碎片或瓶盖。

掌中科学

研究动物行为的装置"斯金纳箱"

扬声器

信号灯

杠杆

食物分发机

食物槽

斯金纳箱

前面的乌鸦箱子实验便是从 "斯金纳箱"的实验中得到的启示。美国心理学家斯金纳为了研究小白鼠的学习过程，制作了斯金纳箱。箱子里边安装有杠杆，当小白鼠压杠杆时就会自动出现食物或水。

斯金纳箱广泛应用于动物的行为分析。经过反复学习，动物会意识到，如果想通过这个装置获得食物，就必须得压杠杆。斯金纳的这种实验引进到教育中，就成为引导人们去做有意义事情的激励方法。

1000 ml

900 ml

800 ml

700 ml

600 ml

500 ml

400 ml

300 ml

200 ml

100 ml

LHC（大型强子对撞机），揭开宇宙诞生的奥秘！

地球是什么时候出现的？宇宙呢？

宇宙诞生时的大爆炸理论叫做"Big Bang"？

据说当今十分发达的科学能再现宇宙形成的情形！

真的吗？怎么再现？

揭开宇宙诞生的奥秘

能够再现宇宙诞生情形的LHC（大型强子对撞机）已经研制出来了。揭开迄今为止仍不为人知的宇宙诞生的秘密只是早晚的问题……

干吗呢，李蕴秀？

我正在认真观察蚂蚁呢。

从来没发现蚂蚁的身体长得这么神奇呢！

是吗？那你看了这个会更感到吃惊了！

?

显微镜下的蚂蚁模样 ▶▶▷Ⅲ

哇，好厉害！

没有比这个更大更清晰的图片了吗？

嗯，显微镜也有其局限性……

……

不过不是能看到细胞吗？

但是，如果能再放大些……

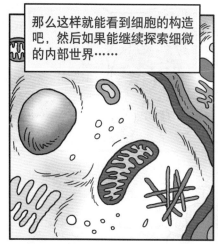

那么这样就能看到细胞的构造吧，然后如果能继续探索细微的内部世界……

那么最终能看到原子了。

再把原子进行下一级别地划分呢？

那么……那样的话……

呵呵，不知道吧？原来你也不知道啊！

……

我们来了，易各讷贝尔博士，我们有问题要向您请教！

啪

哇唔！太厉害了！太厉害了！真是爆炸性的新闻啊……

？

到底是什么新闻呢？

哈哈哈

LHC
（大型强子对撞机）制造出来了！

你是说"LHC"？

爱情糖果吗？

终于可以进行宇宙大爆炸的实验了。

哇哦！

欢呼雀跃

宇宙大爆炸是什么？

啊？不好意思，不好意思。看到好消息太兴奋了，竟然没有听到你们的声音，你们俩刚才说什么？

有比原子更小的世界吗？我们对这点感到很好奇。

怎么？你们也对微观世界感兴趣？呵呵呵！不错！

如果能找到微观世界的奥秘，

也许就能发现超级无限广阔宇宙的奥秘！

哗

原子是由原子核和周围绕原子核运动的电子组成。

原子核又可以分为质子和中子，

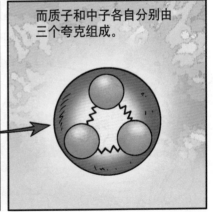

而质子和中子各自分别由三个夸克组成。

但是有一种核心性的粒子差不多连接了所有粒子，并使它们产生了质量。

那就是有"神的粒子"之称的希格斯粒子！

但是一旦发现了这种粒子，就能揭示宇宙形成的奥秘！

现在希格斯粒子虽然是未能发现的假设粒子，

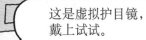

这是虚拟护目镜，戴上试试。

哇！能看到一个巨大的设备！

那是什么？

那是全世界的科学家们为了寻找希格斯粒子而聚集在一起，在法国和瑞士国境线附近的地下制作的巨大实验装置管道。

咚咚！

隧道

隧道长约 27 千米。

165

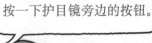

按一下护目镜旁边的按钮。

这就是被称为LHC的大型强子对撞机。它是将构成原子核心的质子用光速发射的设备！

啊！

这是怎么了？好奇怪的感觉！

咦？这是什么呀？

我们变得好奇怪呀。

你们现在变成了质子，进入到LHC里边来了。好了，现在开始出发！

什么？
出发？

砰

啊！李蕴秀质子和我正在向相反的方向运动呢！

哈哈！好多跟我一样的质子啊！

由于隧道中间的超导磁铁，质子速度变得越来越快了！

当然了，那几乎相当于光速了！

已经多少圈了？我感觉好快啊！

唰

啊！要跟都美莱撞上了！！

碰

现在感觉怎么样？

哎哟！

好晕啊！

但是……不知道为什么会有新生的感觉呢？

就是这个原因，你间接地感受到了宇宙的诞生！

宇宙的诞生？

哦？

用光速将质子发射对撞的话，会释放出巨大的能量。

能量中存在着数不尽的粒子，我们要在里边找出希格斯粒子。

搞定！

希格斯粒子

质子的碰撞就像小宇宙的爆炸一样，这个就是能够揭开宇宙诞生奥秘的实验。

大爆炸？那是什么？和宇宙形成有关系吗？

你们知道宇宙是什么时候产生的吗？

不知道呢……

从现在算起足足有137亿年了。

137亿年？

137亿年前，这个世界上什么都没有，到处都是黑暗！用一个成语来形容就是"空空如也"！

空空如也……

漫画家洪先生

什么都没有该怎么画呢？真为难……

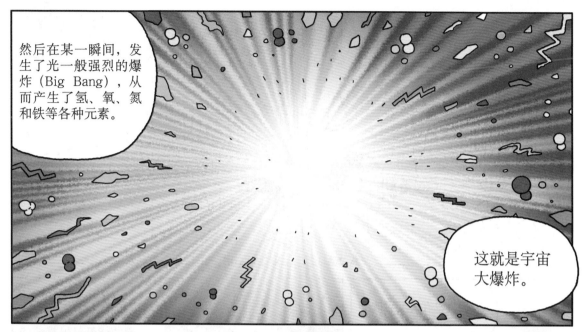

然后在某一瞬间，发生了光一般强烈的爆炸（Big Bang），从而产生了氢、氧、氮和铁等各种元素。

这就是宇宙大爆炸。

这些物质在 100 亿年间不停地集聚……

然后产生了银河系……

又形成了太阳系……

进而产生了地球……

然后地球上出现了生命。

如果通过 LHC 的质子对撞实验发现希格斯粒子的话，

那么大爆炸理论将不再是个假说，而是能够证明宇宙诞生的实验依据。

但是也有人反对该实验的进行。

地球

月亮

他们认为，在质子对撞的瞬间能产生黑洞，而黑洞的能量足以将地球吸走。

咔 咔 咔

实验仍在继续，如果成功了会怎样呢？世界又会发生什么样的变化呢？

真是刺激的经历。我们竟然变成了质子……

真是一项既复杂又梦幻的研究，

但是另一方面也是令人担惊受怕的研究。

难道……这个实验……有危险性吗？

是的……

质子之间……不是，是汽车相撞了！

祈祷实验顺利地进行吧。阿门！

赶紧派救护车，完毕！

再现宇宙诞生的大型实验

长约27千米就像呼啦圈一样的圆形隧道,位于瑞士和法国国境线一带地下100米处。

约有80个国家的9000名科学家参与制作了这个隧道。这个隧道到底有什么用途呢?难道是为了预防外星人的入侵而建造的人工避难所吗?

英语中被称为"LHC(Large Hadron Collider)"的机器设备,翻译过来便是"大型强子对撞机"。事实上该隧道是为了揭开宇宙诞生的奥秘而发明的一种大型对撞实验设备。

所谓强子指的是具有强烈相互作用的粒子,也就是质子或中子等。加速器则起着进入物质的原子中进行观察的作用,就像显微镜一样,用显微镜可以看到细菌或原子。如果没有加速器,人们就很难发现原子内部的原子核以及质子、中子、夸克等粒子的存在。

在大型强子对撞机中,人们主要观察的是质子在隧道的圆形管道中加速后因对撞而产生的巨大能量和出现的粒子碎片。

该实验是为了再现被称为"Big Bang"的宇宙大爆炸之后的宇宙状态而进行的。

对撞的瞬间会产生"微型黑洞",不过这种黑洞在出现后瞬间即会消失,所以没有必要对其过于担心。

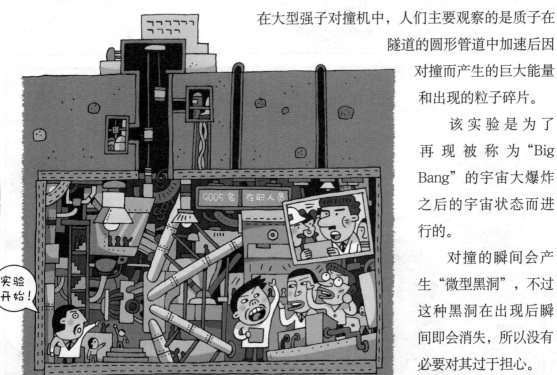

实验开始!

9005名 在职人员

"这里是宇宙中最寒冷的地方。"

这是负责管理 LHC 的欧洲粒子物理研究所（CERN）的发言。不过 LHC 真的是全宇宙最寒冷的地方吗？

在 LHC 的圆形隧道中，想要圈住粒子，就需要特别强大的磁场，而得到如此强大的磁场，就必须使用超导磁铁，但超导磁铁只有在 −271.25℃时才起作用，正因为如此，LHC 就成为了超级寒冷的机械设备。

为了再现约 137 亿年前宇宙诞生的瞬间，欧洲粒子物理研究所于 2008 年 9 月 10 日启动了 LHC 进行大爆炸实验，但是第二天变压器就出现了故障，修理好后又重新投入使用，不过大约一周后，LHC 中的两个大型超导磁铁之间的连接装置出现问题，于是只好中止运作。

欧洲粒子物理研究所并没有因此而放弃，该研究所宣称，在解决 LHC 现存的问题后，将于 2009 年 10 月再次运作 LHC。这次真的能揭开 137 亿年前宇宙诞生的奥秘吗？

世界上千奇百怪的科学

爱因斯坦和黑洞

我们在电影《星际迷航》中可以看到这样一个情节：亚当·尼罗用一发炮弹瞬间就摧毁了一颗行星。值得庆幸的是，这只是一个虚幻的电影情节，如果世界上真的出现这种武器，地球有可能会在瞬间消失。

不过导致地球消失的还有另外一种物质，那就是黑洞。什么是黑洞呢？黑洞是由质量足够大的恒星在核聚变反应的燃料耗尽而死亡后，发生引力坍缩而形成。黑洞的能量如此之大，它产生的引力场是如此之强，以至于任何物质和辐射都无法逃逸，甚至连光也不例外。

爱因斯坦的相对论曾经预言了黑洞的存在，现代物理学中的黑洞理论就是建立在广义相对论的基础上。由于黑洞中的光无法逃逸，所以我们无法直接观测到黑洞，然而，可以通过测量黑洞对周围天体的作用和影响来间接观测或推测到它的存在。

更荒诞离奇的科学实验 砰砰！
易各讷贝尔博士最最荒诞离奇的搞笑科学实验 2

在《易各讷贝尔博士荒诞离奇的搞笑实验 2》中！

会出现为爱睡懒觉的孩子准备的最好礼物——到处逃跑的闹钟的故事，

把粪便作为美味的屎壳郎的故事，

 吸血的可怕怪物正在树林深处等着大家，

以及爱唠叨的妈妈变身机器人也会出现在大家面前，

嘿嘿！

还会为你解开啄木鸟不头疼的秘密。

会告诉大家让人奇痒无比、十分痛苦的过敏症主犯——螨虫的去除方法，

也会介绍抓捕银行强盗的发明，

 嗬！还能体验到鱼在无水的情况下经过大海的神奇科学世界，

可以看到驱赶不良青少年的高音喇叭，

呼啦呼啦，

更可以看到只要穿上它就能按照身体尺寸自由变化的 万能超级正装，

以及用氢电池作燃料的奇妙的  未来氢气车！

嘿嘿！